植物园创新发展与实践丛书

现代植物园
发展路径解析

胡永红　著

The Analysis of the Development Path of Modern Botanical Garden

中国建筑工业出版社

图书在版编目（CIP）数据

现代植物园发展路径解析 = The Analysis of the Development Path of Modern Botanical Garden ／ 胡永红著.—北京：中国建筑工业出版社，2020.11
（植物园创新发展与实践丛书）
ISBN 978-7-112-25440-8

Ⅰ. ①现… Ⅱ. ①胡… Ⅲ. ①植物园－景观规划－研究②植物园－景观设计－研究 Ⅳ. ①TU242.6

中国版本图书馆CIP数据核字（2020）第174485号

责任编辑：杜　洁　孙书妍
版式设计：锋尚设计
责任校对：赵　颖

　　本书以上海辰山植物园为例，从植物园的规划与建设、运营与管理、品牌与特色、"辰山模式"的创新与应用等4个方面，阐述了作为新时代代表的植物园发展历程，探讨其发展规律，并对其前景进行预测，以期对其他植物园有所启发和借鉴。本书可供植物学、风景园林学等相关专业的学生和植物爱好者参考。
　　This book takes Shanghai Chenshan Botanical Garden as an example, analyses the development of BGs in the new era through BG's planning & construction, operation & management, brand & characteristics, and innovation & application. It discusses the law of development and also predicts the prospect of Chenshan so as to give some reference and inspiration to the development of BGs. This book is a valuable reference for students of botany, landscape science and plant hobbyists.

植物园创新发展与实践丛书
现代植物园发展路径解析
The Analysis of the Development Path of Modern Botanical Garden
胡永红　著
*
中国建筑工业出版社出版、发行（北京海淀三里河路9号）
各地新华书店、建筑书店经销
北京锋尚制版有限公司制版
北京中科印刷有限公司印刷
*
开本：787毫米×1092毫米　1/16　印张：11½　字数：238千字
2021年1月第一版　2021年1月第一次印刷
定价：99.00元
ISBN 978-7-112-25440-8
（36350）

序

　　植物园是种植爱、生产爱的地方。

　　我从大学本科至今四十余年一直从事植物科学研究，对植物有着特殊的情愫。

　　2004年，在中科院植物生理生态研究所工作的我，听说上海这座现代化大都市在宏观植物学领域有新布局，在辰山规划筹建现代化植物园，非常高兴。上海市绿化和市容管理局联系我们，希望中国科学院与上海市政府合作共建，中科院提供高起点的平台，开展植物资源和生物多样性研究。经过五年多的努力，上海辰山植物园/中科院上海辰山植物科学研究中心于2010年正式起航。

　　转眼十多年过去了，我见证了上海辰山植物园迅速、均衡而健康的发展历程。从团队建设、植物收集、国际交流，到园艺展示、科普教育和草地音乐节，可谓生机勃勃，欣欣向荣，不仅为广大市民所喜爱，也受到同行专家的赞誉，产生了积极的国际影响。植物园与时代和社会融合的内涵，在辰山不断积累和展现。

　　辰山在走一条符合国情、地情和世情的独特之路。科研方面，辰山面向社会需求，不断聚焦资源植物和天然产物的挖掘和应用，并把珍稀濒危资源的保育和后续产品的研制开发贯通起来。微观上，我们对丹参、黄芩等药用植物和石榴等功能性植物的代谢进行研究，促进开发利用；宏观上，我们对区域内重要野生濒危资源植物进行保育研究，如蕨类的资源保育及系统进化、壳斗科的区系地理学研究及入侵植物的研究等。此外，辰山科研还面向城市生态建设，开展城市新优植物选育与应用的生态技术研究，提高城市绿化效率。诸多成果，令我深感欣慰。

　　辰山的科学普及工作有特点，有起色。以植物园为载体，把科学知识传播给大众，通过公众开放日、绿色嘉年华、辰山奇妙夜等多种形式，真正做到了"精研植物·爱传大众"。这些科普活动深受植物爱好者和小朋友们的喜爱，实现了建园的一个重要目标——生产爱。

　　辰山草地音乐广播节，是辰山最具影响的文化活动之一。每到暮春时节，夕阳西下，在辰山芬芳四溢的花海中享受一餐古典音乐的盛宴，体会艺术与自然交融的惬意。每年的辰山学术委员会会议也都在这个时候召开，学术与文化融合，可谓相得益彰。

从 2010 年开园至今，十年光景，辰山就达到了一个高水平植物园的水准，我觉得是一个奇迹。成绩的取得离不开有理想、有活力、有干劲的年轻的辰山团队，离不开院地合作的优势互补，更离不开各级政府和市民的支持。

永红博士忙里偷闲，对十年工作做了总结，我觉得非常好、非常及时。一方面，这是辰山十年工作的一个总结，从中思考得失，可扬长避短，对辰山植物园下一步发展大有好处。更重要的是，辰山植物园探索的发展路径，或可为其他植物园提供借鉴。有人管这条发展路径叫"辰山模式"。我觉得是不是叫"模式"不要紧，关键是这些经验与发展轨迹是否对别人有所帮助，是否对绿水青山的建设有所帮助。

十年的积淀还很初步，未来有更多未知领域有待探索。十岁的辰山刚刚描绘出美丽优雅的绿荫，但要生长成茂盛的大乔木，尚需时日。愿在未来的十年、五十年，辰山健康发展，持续产出，"辰山模式"成为现代植物园建设与发展的一条成功之路。美好的愿景值得期待。

陈晓亚

2020 年 8 月

前言

400 多年间，全球的植物园走过了漫长而精彩的历史，与社会经济和科学文化的发展密切相关；以英国邱园为代表的植物园，为全球植物资源的开发利用做出了巨大贡献。植物园往往被当成一张名片，视为一个国家和地区生态文明的重要象征，也是衡量当地持续发展能力的重要标志之一。因此，随着我国经济的快速发展和资本积累，近 30 年来，国内掀起了一个植物园建设热潮，这一方面彰显了国家和地方政府加强生态文明建设和植物多样性保护的决心，另一方面也给植物园的建设与管理工作提出了更高要求。

新植物园的不断涌现，可能会带来建什么、怎么建等问题，其目的、功能需要更多的人去思考，去挖掘；同时，一些特色尚不十分突出的既有植物园，则须结合国家、地方、民众的需求加以改造，而这就带来怎么改造、怎样转型、如何提升等问题。大家都想快速找到一把"万能钥匙"，解开植物园发展的核心秘密。

本书著者在从业的 20 多年间，不仅深入考察研究过全球 100 多个知名植物园，而且还特别作为访问学者和园长助理，用近一年的时间深度参与了英国皇家植物园邱园的运营管理；其后又利用所学到的理念对当时处于困境的上海植物园加以改造提升，快速恢复了植物园的实力，还全程筹划和实施了辰山这一新时代植物园的建设和运营管理。这些实践，使著者对植物园的理解上升到了一个更高的层次。本书就是对全球植物园发展的思路和路径所做的一份总结和归纳，尤其对辰山植物园近 10 年的发展做了回顾总结。期待本书梳理出的思路能为从事植物园的同行找到那把钥匙。

本书着重从植物园的规划与建设、植物园的运营和管理、植物园的品牌与特色、"辰山模式"的创新与应用 4 个方面，阐述了作为新时代植物园代表的辰山植物园的发展历程，探讨其发展规律，预测其发展前景。

放眼世界，植物园界的杰出代表——英国皇家植物园邱园于 1759 年成立，她是英国经济、社会和科技发展到一定阶段的产物。在 260 多年的发展过程中，邱园不仅搜集了全球的奇花异草，积累了众多标本、文献资料，使英国在植物学领域独步全球，而且为促进英国深入而长远的经济和社会发展提供了首屈一指的植物科学知识库。辰山植物园作为 21 世纪新建植物园的代表，虽然年轻，却拥有一颗展望世界的心，以百年国际名园为标杆，结合国家战略和地方发展需求进行功能定位和目标设置，不愿重蹈寻常路：在学科布局时，注重特色建设，不盲目追求热点；在植物收集与管理过程中，注重一手完整资料的收集和信息化的管理；在科普和文化活动中，强调公众需求和品牌打造。这一系列管理与发展举措，让辰山实现了快速成长，成为我国华东地区重要的活植物资源库、资源植物保育与研发的重要基地、全国科普教育基地和园艺人才培养中心。虽然辰山目前还只能勉强望邱园之项背，但作为 21 世纪植物园界的后起之秀，辰山创造的"辰山模式"还是为中国逐步迈向全球植物科技的舞台中心增添了成绩与决心。

何谓"辰山模式"？这个提法最早出现在 2013 年，被媒体用来形容辰山植物园成功开创的一种全新花展举办模式，后来被业内专家不断延伸和扩展其内涵，逐渐发展成为植物园建设与发展的一种工作模式。我们根据媒体和同行对"辰山模式"的多方不同解读，将其概念总结如下：**"紧跟（适应）时代发展步伐，在国家战略和地方需求之中找准定位，以全球视野引导规划前行，以开放、合作的理念集多方优势，助力辰山植物园快速建设和发展的成长之路"**。

如今，人类已迈进全球化、信息化和网络化的历史发展时期，各种竞争（包括体制与管理上的竞争）日趋激烈，不必说"一万年"，"一百年"也太久，必须只争朝夕，大胆进取！辰山植物园生而逢时，占尽天时、地利、人和，所以与其他植物园漫长曲折的建设与发展之路相比，才能几乎走出一条上升的直线，走出一个"辰山模式"，这一模式或许不能被复制，但其中一些做法值得借鉴推广。鉴于此，时值建园十周年之际，我们以辰山的规划、建设和发展历程为例，对"辰山模式"做了系统梳理和总结，希望可以为他园的建设或改造提供启发和借鉴，帮助正在建设或者发展的同行找到适合自己的路径，明确发展目标、特色和重点，期待大家共同快速提升，持续健康发展。

植物园是一个传统的、基础的、长期的、公益的、人工的、探究的、传播的生命有机体，想要长期维持并非一件容易的事，谁也难以保证她能长期持续健康发展。衡量其成功的时间周期，也不能仅以一个十年计，至少需要 5 个十年，才能初步判断是否获得成功。就像栽培开发一种植物，从引种、保存、展示、研究到被社会利用，绝非一朝一夕之事，所以从一开始就要有准确的利用方向；如果引种的植物仅仅作为景观，其发挥的作用是十分有限的。更深一步来说，植物园所从事的研究与人们的日常生活密切相关，其周期更长，更需要顶层和长远设计。这些都真正考验着建设者和管理者的水平。

从这个意义上来说，植物园仅用 10 年就形成一个"模式"，可能还为时过早，还需要更长时间周期的考验，因此我们仍然还有很长的路要走。我们只是希望站得高、看得远，能尽早预判那条通往成功的路。

本书著者自 2004 年开始参与辰山植物园的工作，转眼已有 16 个年头。回望过去，时光如一幕幕镜头，闪耀而过，记忆犹新。在此要衷心感谢发起项目的上海市、区领导，感谢关心和帮助辰山的中国科学院和国家林业和草原局（原国家林业局）领导，感谢理事会对辰山大方向的把握和帮助，感谢学术委员会各位专家对辰山专业方向的精准定位和悻悻教诲，感谢上级主管单位上海绿化和市容管理局领导的关心和指导，还要感谢社会各界对辰山的关心厚爱。辰山是自然在城市中的一个片段，更是一个产生爱的地方，我们会把这份爱化为辰山更好发展的动力。

感谢设计方、建设方及参与辰山植物园发展的各位同行、同事。辰山植物园的每一分进步都倾注了大家的心血和汗水，我们期待大家在辰山植物园今天的基础上添砖加瓦，鼎力奉献，用我们的双手建设辰山更美好的明天。

感谢中国建筑工业出版社杜洁编辑一直以来的支持与鼓励，让本书的写作不停步，持续向前。

本书成文过程中，感谢同事的帮助，马其侠协助组织了基础素材，杨舒婷、杨庆华、何组霞、邢强等分别提供了相关各部分的资料。感谢刘夙博士对本书所做的文字润色，使本书增色不少。

感谢陈晓亚院士一直带领我们前进。作为辰山植物园园长和中科院辰山植物科研中心主任，他时刻关心辰山的成长，为辰山长远发展指明了方向。相信在上海与中国科学院这种深度合作下，辰山的前景无限美好。

著者

目录

第3章 植物园品牌与特色

第4章 "辰山模式"的创新与应用

引言　植物园：从昨日到今天

这本书介绍的是上海辰山植物园。上海辰山植物园是一所 21 世纪的现代植物园。

所谓"21 世纪的现代植物园"，既是事实，也是理想。说它是事实，是因为上海辰山植物园在 2010 年才开园，到今年只有十年历史，毫无疑问是 21 世纪的新机构。当它建园的时候，人类已经进入工业化、城市化、全球化、信息化的社会，以核能、空间技术、计算机和互联网以及生物工程为代表的第三次产业革命已经画上尾声，中国积极加入全球化体系并越来越具备举足轻重的作用。十年以来，坐落于上海西郊的辰山植物园有许多设计和运营都体现了上述这些 21 世纪的大背景，体现了在蓬勃发展的中国随处可见的现代化气息。

说它是理想，则是因为时代仍在发展，世界仍在演进。一方面，如今这个高度现代化的地球村仍面临着种种危机，比如诸多生态危机因为人类活动而愈演愈烈。另一方面，中国的现代化进程仍未停止，面向未来的创新性社会仍在建设之中。这都让我们有信心认为，在 22 世纪尚未来临的 80 年间，人类社会还会有大规模的革故鼎新，植物园也会继续呈现出令人惊叹的崭新面貌。虽然我们无法完全预测这个崭新面貌最终会是什么样子，但当下我们所做的一切都会为这个只能由时间来书写的答案做出贡献。

最早的植物园：从药草园起步

回顾历史是展望未来的"智识"基础。要建设一座 21 世纪的现代植物园，首先就要了解植物园的历史，了解它的功能和职责是怎样随着人类社会发展水平和目标的变化而变化的。

毫无疑问，植物园是从花园发展而来的，它也继承了花园的一些功能。人类最古老的花园有三个主要功能，其一是作为宗教活动场所；其二是用于收集药用植物，供医疗之用；其三是私人游憩。很显然，这样的功能是与农业社会、文明社会早期的发展水平相适应的。在古代，宗教信仰在许多社会生活中占据了重要地位，人们需要包括花园在内的一系列宗教活动场所。在现代医药发展起来之前，全世界几乎所有民族都会在传统医学理论的指导下应用以植物为主的自然物来入药治病，这不仅让医药学成为博物学的重要组成部分，也让本草园成为花园和植物园最悠久的形态之一。而在公共生活还不丰富的时代，只有统治阶级才可能营建供私人享用的苑囿，在其中休闲取乐。一些私家花园（特别是皇家花园）还常常以种植异域输入或进贡而来的奇花异草为荣，其中一些植物具有经济价值，隐约已有后世的经济植物园的雏形。

植物园从一般的花园中独立出来形成自觉的特别机构，始于文艺复兴时期的欧洲。这个时候，本草学逐渐演化为植物学，欧洲学者从单纯地为经典本草著作绘图作注，逐渐转为深入探究植物的形式和运动，本草园也就随之逐渐变成了第一批植物园——药用植物园。与此同时，收集保存了大量活植物和干标本的植物园也成为植物学教育的基地。因此可以说，植物园在诞生伊始就承担着科学和教育的功能。1545 年，世界上第一个植物园在意大利帕多瓦（Padova）诞生，其功能就明显偏向于草药园和教学园。此后，波兰的布雷斯劳植物园，德国的海德堡植物园、卡塞尔植物园和莱比锡植物园，荷兰的莱顿植物园和法国的蒙特皮利植物园等，如雨后春笋般涌现。它们的主要功能都不外乎搜集药用植物，并开展相关的教育和小型展示。

殖民时代的植物园：不是象牙塔，而是全球化的战略家

15 世纪末，从哥伦布发现美洲大陆，到达·伽马开辟印度航线，再到麦哲伦船队的环球旅行，随着欧洲人的远航，全球进入"地理大发现"时代和殖民时代，大量未知的海洋、陆地、自然、生物和人文景观不仅对西方思想产生了重大冲击，也为西方带来了持续数百年之久的搜集异域珍稀植物的热情，成千上万的外来植物被源源不断地送入欧洲的花园和植物园，由植物学家加以分类。1753 年，林奈的双名命名法应运而生，成为植物学发展的一个重要里程碑。

这样一来，植物园又有了第三个重要功能，就是引种收集植物，并从中开发新的植物资源。因为开发新的经济作物是殖民者的重要目标和追求，所以植物园的这个价值在当时是无可替代的，它由此推动了世界经济的发展。

一个典型的例子是咖啡。17 世纪的荷兰殖民者获得了从也门带来的高产咖啡种子，大喜过望，立即在阿姆斯特丹的植物园温室中加以繁殖，之后咖啡种植园便在爪哇、苏门答腊岛、巴厘岛等地遍地开花。不仅如此，咖啡的种子和幼苗还从荷兰的植物园传到了欧洲其他国家，法国人因此得以在热带美洲的马提尼克岛、法属圭亚那等地建立咖啡种植园；而葡萄牙人又从法属圭亚那获得种子，把咖啡引入了巴西。

更典型的例子是茶叶。进入 19 世纪，以英国皇家植物园邱园为代表的欧洲植物园拥有了更大的野心——响应国家的战略资源需求，进行频繁的植物考察和收集。邱园派出了很多植物学家、探险者前往更加遥远的地方。植物园像发现新大陆一样兴奋，雄心勃勃地挖掘全球植物资源，其中就包括原产中国的茶叶。

当茶成为欧洲上流社会的时髦饮品后，为了源源不断地在中国继续获取茶叶等贸易物资，英国人想尽了一切办法。据史料记载，当时西方与中国的主要外贸商品就是茶叶、丝绸和瓷器。许多洋行在上海集中设点，主要原因也是上海靠近茶叶和丝绸产区。为了打开中国市场，获得这些物资，洋行们不惜采取用鸦片跟中国交换的方法，这也成为"鸦片战

争"的重要引子。

那么，除了贸易交换，有没有一劳永逸的办法把茶叶占为己有？为此，英国邱园派出的植物采集家罗伯特·福钧（Robert Fortune）几次深入中国冒险，盗取茶苗。福钧失败了好多次，每一次都需要经历几个月的海上历险，但他仍不放弃，终于把茶苗成功盗出中国，种到了印度。从此，在全球贸易市场上，中国茶的地位迅速下降，欧洲的茶叶占据了上风。

在产业革命之后，植物园功能还发生了第三次大拓展。18 世纪，英国开启了第一次产业革命，由此不仅造成了生产力的重大提升，也带来了人类社会形态的又一次重大变化。人口不断向城市集中，公共生活的意义越来越重大。到 19 世纪，植物园开始成为重要的公共设施，不仅像一般的公园一样向公众提供游憩功能，而且开始承担两种既有植物学特色又有公共生活特色的功能——科普和展示。植物园不仅成为植物和园艺知识传播分享的重要基地，而且常常通过花展之类的活动公开展示，起到融游憩、教育、科普等功能于一身的博物馆的作用。至此，植物园的六大基本功能——科研、引种、教育、科普、游憩和展示——已经完全具备，现代植物园已经初现雏形。

然而，第三次拓展的功能起初还不太重要，植物园面向游人的繁花似锦的场景在 19 世纪只是表象而已。真正支撑邱园等欧洲著名植物园非同凡响的地位的，仍在于它们能不断迎合社会对经济作物的需求，承担国家与经济有关的发展战略。总之，在殖民时代，植物园绝非单纯学术研究的象牙塔，而是经济作物发展的推手之一，是资本主义全球化战略的参与执行者，是让世界格局重新洗牌的重要助推力量。

20 世纪的植物园：转型时代

然而，从 20 世纪开始，随着人类科技的进一步发展，植物园的功能也呈现出此消彼长之态。

首先，植物园赖以从花园中脱颖而出的早期重要功能——药用植物的引种研究——逐渐衰退。现代医学的兴起使人们能够更好地认识疾病的机理和应对方法。很多疾病最有效的应对之道是预防。即使在治疗阶段，人工合成的化学药物所占的比重也越来越大；与此同时，很多草药的疗效却因无法通过现代药效检验方法的验证而不得不存疑。

如今，分子生物学方法的广泛应用，已经使新药研发逐渐成为一种建立在高深的数学和计算机编程基础之上的应用生物化学课题，其中的植物学成分越来越少。以栗豆树碱（castanospermine）为例，这是一种从豆科植物栗豆树（*Castanospermum australe*）种子中提取的生物碱，因为具有一定的抑制病毒复制的活性，一度得到药学界的重视，认为有治疗丙肝、登革热以及 HIV 感染的潜力。栗豆树碱也因此成为植物园界常常用来表明植物引种对现代医药仍然具有重要意义的例子。然而遗憾的是，实践表明栗豆树碱及其衍生物的抗病毒性能不佳，至今未能通过三期临床实验。如今真正有效并大规模应用的抗病毒药物全都是人工合成的，而且有不少是建立在复杂的生物化学计算基础之上。

如果不考虑园艺植物，那么植物园引种开发其他经济植物的功能如今也已经大为失色。一方面，科技的进步使人类大量使用由非生物资源制造的产品，它们在很大程度上替代了原先由生物资源制造的产品。另一方面，虽然地球上有近30万种植物，但其中适宜驯化的种类并不多。可驯化的植物都汇集了许多难能可贵的性状，其中有不少已被人类开发为农作物，而不可驯化的植物各有各的不可驯化之处——这就是生物学家贾雷德·戴蒙德（Jared Diamond）提出的"安娜·卡列尼娜原理"。

植物园这两种历史功能的衰退，反映了人类越来越靠深入理解生命活动的内在机制来提升生物医学技术的水平，而不再依赖博物学式的广度研究的现实。自此，植物园作为植物学科的支撑作用逐步淡化，开始远离国家战略。

中国植物园发生这一转变的时间比西方略晚。在中华人民共和国成立后的三四十年中，植物园仍然发挥了重要战略作用，在引进推广经济作物上做出了巨大贡献，但到20世纪末的时候，也不可避免地面对相似的局面。

这一阶段的历史似乎给人一种感觉：随着生命科学的现代化和精细分科化，植物园的功能似乎正在被各现代学科的研究机构分别取代——曾经研发药用植物的功能，被现代生物医学取代；曾经引种栽培的功能，被农业产业链取代；甚至就连19世纪中期兴起的观赏、游憩和展示功能，也可以被现代公园、博物馆或专业展览取代。即便作为植物园圣地的邱园，与大英博物馆之间也经历了一番纷争。在大众眼中，"植物园"和"公园"的概念似乎已经没有多大区别。

那么，今天21世纪的现代植物园还能做什么？这是我们需要思考的时代命题。

21世纪的植物园：与时俱进的方向

本书是对上海辰山植物园10年工作的总结。我们对于今日植物园如何建设，做出了一些自认为有一定创新性而值得介绍的工作，由此总结了一些经验。当然，这些工作和经验，乃是基于20世纪后期以来全世界植物园面对大转型时各自苦苦寻觅的创新之道之上。

20世纪悲壮激烈的历史留给人类的最大教训，就是让人意识到多样性的重要意义。不仅人类文化是多姿多彩的，本质上没有先进落后之分，而且人类的生存、人类文化的传递也依赖于生物多样性的维持。人类活动导致的最严重的生态危机之一就是生物多样性的毁灭。保护岌岌可危的生物多样性，进而保护与生物多样性相关的同样岌岌可危的人类文化多样性，已经是21世纪的重大任务之一，这也为植物园的科研、引种和相关的生物学教育开辟了新的重要方向。

20世纪80年代，"保护生物学"这门学科诞生。2010年10月30日凌晨，联合国《生物多样性公约》第10次缔约方会议（简称COP10）通过了保护全球濒危动植物的《名古屋议定书》，发展中国家和发达国家就未来10年生态系统保护世界目标和生物遗传资源利用及其利益分配规则达成一致。

在这10年中，《名古屋议定书》确实起到了一定作用，在各种环境生态事件中被反复提及，逐渐凝聚起全人类的环保共识。而在2021年，联合国《生物多样性公约》第15次缔约方大会将在中国昆明举办，这意味着从全球人类文明的高度来说，中国在保护生态体系和濒危动植物等方面，未来将会更加积极主动承担大国责任。对于维护全球生态、保护生物多样性的艰巨任务来说，新时代中国植物园也因此将有许多工作可做。

事实上，植物多样性正是植物园自成立以来一直引以为傲的根本特色。只要这个特色不丢掉，植物园就一定会保有无法替代的功能，起到无法替代的作用。比如，虽然在药用植物资源开发方面，植物园已不复昔日辉煌。但是，学界对植物制造的天然产物种类的认识至今仍然没有穷尽，对于这些天然产物背后的生物合成机制更是知之甚少。特别是植物的代谢途径也具有分子层面的多样性，要深入理解天然产物的代谢途径，需要对有亲缘关系的属种展开博物学式的广度研究，从对比中获得更大的认知深度。由此积累的代谢知识可以为未来合成生物学研究中以仿生学方法构建高效和大规模的药物合成体系奠定扎实的基础。

同样，农业产业链所关注的作物引种栽培和研究，也往往集中于一些大宗作物。然而，几千年来世界各地还驯化了许多小宗作物，并非每一种都得到了商业化机构的充分关注。仍然还有很多值得研究的小宗作物，为植物园留下了施展身手的空间。

必须指出的是，作为生物多样性研究的重要基地，植物园还应该把一些最为基础的"经典"分类学工作坚持下去（比如植物名录的编撰），把这些工作与多样性保护的各项工作相结合，并把保护生物多样性概念作为生物学教育的核心理念。

生物多样性思维兴起的同时，现代科技文明也为城市中产阶级创造了较为充裕的休闲时间，也让他们对精神文明有更高的追求，这便让植物园的公众教育、科普、游憩和展示功能在21世纪更为突显，成为植物园在新时代的基本职能之一。

城市对植物园还有更大的意义。21世纪是城市世纪，但在快速城市化过程中，资源、环境和安全问题却一直是制约城市可持续发展的瓶颈，日益频繁的极端天气事件（如洪水和干旱）以及环境污染等灾害，也使生活在城市中的人类面临巨大的挑战。如何让城市成为一个合理的生态系统，让它拥有足够的稳健性，成为新时代的重要学术课题。

不同于自然环境，城市是一个人造的巨大有机体。在城市中，即便是小小的人造绿化带，也与自然中野蛮生长、形成生态链条的植被有本质区别。特别是在市中心，几乎不可能允许大片野生植物存在。所以，如果把自然生态理论直接嫁接到城市上，显然并不适宜。在城市条件下研究植物，需要多学科的跨界，不仅要考虑植物与环境的关系，还应该考虑植物与人的关系。其中可能涉及人类学、社会学、建筑规划学、景观学、心理学、经济学、行为学等。如此种种原因，便让城市与其中植物、生态如何互动的研究成为一门新的学科。2016 年 6 月，联合国公布了《新城市议程》，指出可持续城市发展目标和全球标准，要求提升城市生态系统服务功能，增强城市韧弹性。对于快速城市化的中国来说，这也要求我们的相关研究机构——其中当然包括城市中的植物园——积极响应，贡献自己的力量。

综上所述，站在全球的语境下重新审视当代植物园的价值，我们会发现它虽然经历了大转向，但不仅没有衰落，反而可以在新时代继续有所作为，发挥新的作用。

正是在这样的历史和现实背景之下，我们迎来了上海辰山植物园的建园十年。作为一个年轻的植物园，辰山植物园幸运地能够多少摆脱传统和历史带来的某些沉重的包袱，而能够对植物园的职能和任务加以涤旧染新，使之适应仍在徐徐展开的 21 世纪，使之适应中国和世界的未来。这是我们的责任，也是我们有信心完成的使命。

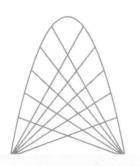

第 1 章
植物园规划与建设

一个基因可以左右一个国家的经济命脉，一个物种可以影响一个国家的兴衰。植物资源是人类赖以生存和发展的基础，是维系人类经济社会可持续发展的根本保障，数以万计的植物蕴涵着巨大的潜力，有可能解决体现在人类衣、食、住、行等方面的生存与可持续发展所依赖的资源需求（联合国电台，2009）。

在当今技术的作用下，地球上未有任何一块领土未曾被人类涉足；从某种意义上来说，整个星球已成为我们的后花园，我们必须进行妥善管理。我们的未来必然会更依赖植物，而恐怕没有人能找到比建植物园更合适的保护和利用植物资源的方法。通过行动，植物园可以很好地证明：我们可以选择我们想要的未来（Donald A. Rakow & Sharon A. Lee，2011）。

上海辰山植物园是中国植物园和世界植物园中的后起之秀。她的规划与建设有其特殊性：她诞生在我国高度重视生物资源的保护与可持续利用、把生态文明建设列为国家"五位一体"的发展战略布局的新时代；同时她也是上海经济高速发展到一定程度后，为进一步打造全球化大都市，增强城市的综合竞争力，体现上海城市经济、文化、科技和市民素质的综合水平的一个重要抓手；她的规划与建设得到了政府和社会各界的高度关注。

中国科学院与国家林业和草原局（原国家林业局）作为我国科学研究和生态文明建设的两大代表机构，全程参与了辰山植物园的建设与管理，指导辰山植物园完成了高起点、高标准的规划与建设。因此，相比于国内其他植物园的建设，辰山植物园还多了院地合作共建内容和运行机制的探索环节。

尽管有这么多的有利条件，著者本人作为项目建设总体策划之一，还是有许多疑问，比如：自上而下的人群对植物园的了解到底有多少？是否对植物园的本质有充分认识？如果在知道植物园是一个长期项目、不会带来短期利益时，大家还会不会持续支持？植物园对植物的保护和利用到底能否支撑国家战略和地方需求？以上这些疑问对植物园的策划极为重要，因为这涉及植物园建设的目的和动机，更会关联到植物园长期的可持续发展，只有了解和真正对接国家战略和地方需求，才能确保植物园的长期可持续发展。了解需求，便成为进行植物园总体策划的第一要务，需要从植物园的主要利益相关者那里获取他们对植物园建设的预期与需求，其中包括政府领导、企事业单位职工、公众代表、商会、旅游局、行业管理部门以及附近机构等。

从当时需求了解的情况来看，不管是政府还是公众，均表达了对新植物园的期盼，但谈到具体细节，多数人对专业性超强的植物园并不是非常了解，仅仅是期望植物园要非常好看漂亮，或是布局有重要的实验室，可进行相关研究。虽然这个结果比较粗犷，但仍然能说明一定问题。植物园的总体策划应该据此深化，并逐步提炼出具体的各项要求。

1.1 项目启动

全球现有 3000 多个植物园，遍及不同人文地域、气候带、植物区系（黄宏文，2017），每个植物园的诞生背景和发展历程也不尽相同，如世界名园邱园和帕多瓦植物园就分别由王室后花园和学生实习实践的药草园逐步发展而来。在我国，伴随着国民经济的迅速发展，人们保护环境和植物的意识逐步提高，植物园的建设和发展速度创造了历史新高峰，截至 2018 年，全国植物园数量有 162 座，主要隶属于中国科学院和各地市政建设两大系统，此外也有少数民营性质的植物园出现。相比于历史悠久、建设和发展历程曲折的国际知名植物园，国内植物园起步晚，但发展迅速，其建设也有一定规律可循，即启动建设之初就要对植物园的定位与目标、选址与规模、规划与设计、植物与特色、团队建设、资金投入等方面进行深入的思考和调研。比如中国科学院系统植物园的功能定位主要是科学研究和植物保护，会围绕着科研创新功能的发挥进行团队建设和资金投入。建设系统的植物园则更多关注市民游憩和科普教育功能，以及对当地城市生态建设的支持。随着城市和社会发展的需要，两大系统共建或者共同改建既有植物园、均衡发展提升其综合功能的情况越来越普遍，其中辰山植物园的建设与发展可谓典型案例。规划选址是启动项目的第一步，也是十分关键的一步。

1.1.1 规划选址

1. 选址原则

植物园的选址既要符合国家和区域对植物园的网络布局，避免同一区域内同质化植物园的重复建设，也要满足一定的自然条件和社会条件；既要与所在地区的气候因素、地理环境、植物区系特点相结合，更要依照其功能、任务及周边交通、市政设施、人文历史等因素综合来衡量，突出植物园的特色建设。具体选址原则大致包括以下几个方面：

（1）地理位置：作为都市的明珠和绿肺，从国内外植物园的选址情况来看，植物园基本上都建在市区边缘或郊区的位置，这样规划一方面是方便市民到达，另一方面是便于植物园产生的生态效益可以直接改善城市的生态环境，推动城市环境的可持续发展。一般而言，受规划面积所限，小型植物园可考虑建在市区，大型植物园则比较适宜建在近郊。如果建在过于偏远且交通不便的地方，会造成游客量较低，植物园难以发挥其在科普、游览等方面的作用。植物园最好能位于已经相对成形的景区范围内，与其他景点有机串联，相互支持和补充。植物园周边应有健全的餐饮、住宿等配套设施，或者至少有相应的规划。

（2）自然环境：这包括地质、气候、土壤、地形、地址和植被等，既要在该地区具有代表性，又应具备相对较好的自然环境。其中首要条件是植物园必须有充足、洁净的地表和地下水源，因为水既是保障植物生长发育、活化全园的基本条件，水体和水面又是植物园造景中不可缺少的要素。其次，植物园的土层应深厚且发育良好，能满足高大乔木根系生长所需，只有根深才能叶茂。历史上有许多园子都是因为这两个核心条件不能满足而难以长期维持（胡永红，2014）。再次是植物园要选择地形、地貌条件比较复杂的地方，最好有山有水、有谷有坡、有阴有阳、有高地有池沼，这种多样的生境既有利于栽培当地的各种植物，也有利于研究外来植物在本地区驯化和推广的可能。植物园是一个长期项目，选址还应注意可能出现的极端天气和灾害，如地势低洼的地方要防止暴雨季节河水倒灌，灾害性天气包括台风、极端高温、极端低温及长时间干旱等。此外，植物园周围的自然环境和风景资源也十分重要。

（3）社会环境：包括公共交通、市政设施、城市宏观规划即人文历史资源等，以满足人们对植物园多种功能的需求。植物园的选址要与所在城市及周边区域的发展与规划方向相契合。在综合考虑区域性、国家乃至全球植物园网络体系的布局结构基础上，选择对植物园网络体系可以起到完善和补充作用的园址来规划建设，并要远离城市工业区，避免废气、废水、废渣等有害物质影响植物的健康生长。其次，为了提升植物园历史文化内涵，尽量选择建在历史文化特征鲜明的区域。深厚的历史文化积淀更是植物园故事的特色素材，能提高植物园的吸引力。最后，选址时需要在市政工程设施较为完善的区域内进行植物园的规划建设，以便节约建设期间的资金投入，并能保证建成后的各项生产建设所需的供电、供气、供排水等市政基础设施有所保障。

场地分析表是确保囊括所有场地因素的有效工具。分析表应包括前文谈到的自然和人文信息，以及无形的感性思考。后者是指为了洞察可能的植物园体验，而对诸如以下这些问题所做的回答：这块场地的核心在哪里？这里会引起你什么样的情绪或感觉？这里如何表现其具有代表性和地方性的地域特征？虽然这些问题是主观的，不适合精确标注，但包括植物园职工和当地居民在内，能回答这些问题的人与这块场地和这个地区都有着亲密的关系。植物园的职工应该解释给设计团队听，这块场地最有价值的是什么——无论是特殊功能还是物理属性，又或者是赋予它独特个性和令人愉悦体验的那些东西。

选址分析表是一个全面的主题目录，用于大多数的场地分析工作（表1-1）。

选址分析表

表 1-1

自然因子		人为因子		感知因子	
场地位置	区域背景、地形地理；与现场地形特征的关系；方向定位	出入和交通	车辆道路通行能力及条件、数量、停车量；行人、自行车、公共交通的流通和出入	有形的视觉和美学因子	重要的观点和视觉特征；从相邻地区保存、筛选或创建的观点；场地、环境和区域的空间特征；边界；场地的主色调、光线、质地、线路、规模；统一或分层的特征
地形地貌和定位	地理海拔和变化；地形或地理特征；斜坡：坡度、长度、稳定性、坡向和接触面				
地质	地质构造；岩石类型；基岩深度、外露岩石、人为干预程度等	建筑结构	现有建筑特点、用途、历史或视觉品质、尺寸、结构及防护的条件；针对现有结构的更新或调整计划；现有建筑用途与今后建议用途的关系		
水文	地表水（溪流、湖泊、沼泽、泥塘）；水流特征；水质；地下水（地下含水层、地下水源）；洪水；冲积平原				
土壤	类型、肥沃度；渗透率；质地、硬度、稳定性；特性；土地利用适应性（林业、农业、发展或建设、承载力）；地表土和地下土的污染	公用设施	输送水、煤气、电力、通风及卫生系统；下水道和应急服务；容量、连接点、今后的服务计划；架空电线和地下管线的影响；阴沟、下水道、步道、电线杆的位置	无形的感知因子	以情绪、智力和文化上的反应来帮助了解这些因素的重要性，包括场所的意义、调用的情绪、象征意义、根据现场状况而回应的建议，以及现场、社会和地区之间的关系
气候和小气候特征	雨雪、日照小时数、风向、季节性温度、暴风雨；由于地形地貌、植被、建筑而形成的小气候因素				
植被	区域植被类型；现场植物群落；乔木、灌木、草本植物：大小、树龄、冠层、生长条件；主要植物种类的情况；珍稀濒危植物、指示植物和杂草；乡土植物和外来植物；自然和人为干扰或维护的标志与类型	土地利用、所有权、区域规划	地产权；现场与相邻区域以及保持建筑红线		
野生动植物	范围和种类的组成结构；指示物种				

来源：依 Donald A. Rakow & Sharon A. Lee，2011 改编。

2. 辰山植物园选址

作为长江三角洲冲积平原，上海地势平缓，除西南部松江区有少量的低矮丘陵外，全境地势坦荡，平均海拔只有 3.5～4m。因此根据植物园选址的一般原则，在上海再建一个新的高水平综合型植物园就优先考虑了素有"上海之根"美称的松江区，不仅因为这里自然条件优越，地形起伏明显，具一定多样性（上海陆地上的十几座山峰中，曾经有 12 座山峰耸立于此，本地习惯将其合称为"松郡九峰"），更因为这里历史悠久，文脉渊远，至今仍保存着大量的文化古迹，如唐代陀罗尼经幢、宋代兴圣教寺塔（俗称方塔）、元代清真寺、明代大型砖雕照壁、清代醉白池等。辰山植物园最后选定在"松郡九峰"东南方辰位的"辰山"，此山在 20 世纪曾遭受城市建设的采石挖掘，原始风貌逐渐被破坏殆尽，成为"松郡九峰"中最迫切需要加以生态修复的一座。在此山建设植物园的主要优势和缺陷包括以下几个方面：

（1）辰山位于上海佘山国家旅游度假区内，旅游辐射效应明显，外围有一定的公共交通等旅游资源配套设施，地铁 9 号线最近的车站距离辰山 6km，方便游客抵达。辰山所处的松江区作为"上海之根"，历史悠久、文化丰富，在此处建立辰山植物园可形成独特的地域文化氛围，增强吸引力。周边景点密布，相互错位明显。宾馆酒店层次多样，适合不同游客群体。因地处风景区内，周边没有工厂和污染源，这是该场地的优势之一。

（2）辰山虽然山体破坏严重，但山上有人工干预过的华东亚热带常绿落叶混交林次生植被，和其他几座山体同属于上海城市生物多样性中心和最主要的生态建设基地之一，需要加强生物多样性保护。辰山山体南部两侧因大量采石破坏严重，急需生态修复，可谓是上海推进生态文明建设、加强环境建设的示范样板地段；在此处建植物园，挑战与机遇并存。

（3）与上海其他区域相比，该地块有相对复杂的地形地貌，表现出山岩地、坡地、平地、湿地、河流等不同的生境，能为不同种类植物的生长提供较为理想的生存环境，是上海建设新植物园较为理想的区域。

（4）另外，这个选址有两个巨大的缺陷难以克服。一个是场地地势低洼，除了山体以外，多数场地海拔只有 3m，而常水位就达 2.6m，也就是说在地表以下 40cm 就会有水，这对深根性的大乔木生长十分不利。且建园时水质多为劣 V 类，需要提高。另一个场地问题是，在建园之前，这里分布着长期种植水稻的稻田土及大量的鱼塘淤泥，都是非常黏重的土壤，透气性和排水性都差，不适合多数木本植物的生长，需要大规模改造，建设成本会大幅度上升。

（5）场地内有一条佘天昆公路和河道辰山塘穿越园区，均属市级管理，将地块分隔成 4 部分，在一定程度上增加了设计和建设难度。过河需要架桥，道路要考虑人车有效分流，也会增加相应的建设成本。此外，场地区域内本有长期形成的辰山村落和其他各式建筑，主要沿山脚和沈泾河分布；在动拆迁时，因多方面原因，这些建筑几乎均被一次性拆除，仅剩下当时作为疗养院的4幢建筑，这割断了场地悠久的历史，也失去了因地制宜延续本地传统的各种可能，不得不说是建园的一个暗伤。

1.1.2 项目建议书

1. 项目建议书编制原则

项目建议书（又称立项申请书）是项目单位就新建、扩建事项向当地发改委项目管理部门申报的书面申请文件，是项目建设筹建单位或项目法人根据国民经济的发展、国家和地方中长期规划、产业政策、生产力布局、国内外市场、所在地的内外部条件而提出的某一具体项目的建议文件，一般出现在项目建设的初级阶段，提出拟建设项目的一个初步轮廓和设想，减少项目选择的盲目性，为下阶段的可行性研究工作提供前提条件。植物园的项目建议书可以由项目投资者提出，但作为社会公益性项目，大多数情况下植物园建设项目主要还是由行业主管部门提出。

在编制植物园建设项目建议书时，应包括植物园名称、建设规模、建设的必要性和依据、项目风险与可行性分析、计划进度以及投资估算等内容，其中核心部分的编写注意事项如下：

（1）建设必要性与依据。此部分需阐明为什么要建、建设的目标是什么，并指出项目提出的主要依据文件。可从项目建设背景、拟建地点、国家和地方战略发展需求等角度来阐述，并通过分析与项目有关的国内外现状和发展趋势等信息，说明项目建设的必要性和建设意义。

（2）建设方案。此部分应阐明总体概念方案、建设规模以及如何建设，具体包括植物园的功能定位、建设目标（可分为总发展目标和阶段性发展目标进行阐述，并体现在植物保存量、科研特色、员工数量与年游客量等具体指标中）、计划进度等内容。该建设方案为概念性方案，仅为报项目所用。项目批复后，可以调整，而不拘泥于此方案。

（3）建设条件分析。主要对植物园拟建场地的自然条件（植被、水源、土壤、气候、地形地貌等）和社会条件（交通、市政基础设施、城市宏观规划和人文历史资源等）进行分析，阐述拟利用资源的可能性、可靠性和合理性。

（4）投资估算和资金筹措设想。植物园项目建设投资主要涉及建筑、桥梁和土方等各类工程项目的建设费用，植物引种费用，科研、园艺和游客服务等所需的设备购置和维护费用，人才团队构建和安置费用等，另外还有可能涉及征地动拆迁费用。对于资金的筹措，大致可分为投入资金和借入资金两种方式。投入资金包括国家预算内投资，及上级主管部门、地方、单位、城乡个人的自筹资金，也包括通过合资经营、合作开发等形式吸收国内外资本直接投入的资金。借入资金（负债资金）包括银行贷款、发行债券、设备租赁和向国际金融组织或外国政府贷款等形式。资金筹措计划中应说明资金来源，如果涉及借入资金的使用，需附贷款意向书等资料，分析贷款条件及利率，说明偿还方式，测算偿还能力，另外，在进行投资估算时加入贷款利息，并考虑一定时期的涨价因素。

（5）综合效益评价。可从经济效益、生态效益、社会效益三大方面分开阐述。例如，可预估植物园项目建设完成后的年度门票和商业收入、对所在区域的旅游带动作用，又可分析植物园在输出植物资源和园艺技术、增加就业机会、改善生态环境、提高人民生活水平和保护意识等多层面的贡献等。

2. 辰山植物园项目建议书编写案例

辰山植物园建设项目自 2004 年确定选址后，上海市绿化管理局（现名为"上海市绿化和市容管理局"）联合松江区人民政府，就目标定位、建设规模、资金投入等方面联合开展了植物园建设预可行性研究，组织上海园林设计院、苏州园林设计院、日本景观设计公司和加拿大景观设计公司等 4 家设计单位分别做概念设计，进行比选，专家选定用上海园林设计院的概念方案作为上报方案，并据此测算匡算造价，综合编写完成《上海辰山国家植物园项目建议书》，于 2004 年 8 月上报上海市发展和改革委员会。其主要内容如下：

（1）建设背景与依据。上海作为我国经济发展的龙头城市和推动改革开放的排头兵，在上海及其周边地区人均 GDP 相继突破 5000 美元之后，居民对科普教育和休闲旅游的要求不断提高，上海也从国家的经济中心向多元化发展，逐步成为我国生态文明建设的先驱。进入全新发展时代的上海，究竟需要一个什么样的植物园才能与其国际化大都市的身份相匹配？《上海辰山国家植物园项目建议书》在综合分析了国际大都市知名植物园发展现状、国际一流植物园的标准、华东地区已有的 8 座植物园的定位与特色，以及上海城市发展规划及其可为植物园建设提供的条件之后，给出了答案。上海需要一个按照国际一流植物园的共性特征来建设的植物园，它需要至少 100hm^2 以上的建设规模，形成植物多样性物种迁地保存和应用开发的保育与可持续利用研发中心，保存活植物 1 万种以上，拥有 100 名以上的科研人员，且国际知名研究人员不少于 10 人，年游客量在 100 万人次以上的一个集科研、科普、景观和休憩等功能于一体的综合型植物园。只有这样的植物园，才能担负起上海区域性地理环境和华东植被保护与城市生态环境修复的重任，才能为在日益加快的城市化进程中如何推动我国生态文明建设提供有益借鉴，才能满足国际大都市多元化建设与绿色发展的民生需求，体现以人为本的发展理念，为上海用绿色演绎 2010 年上海世博会主题奠定坚实基础。

（2）建设与布局方案。辰山植物园项目选址在上海松江区佘山国家旅游度假区内，占地面积 207hm²，其中建筑总面积 8 万 m²。建设功能定位为集科研、科普、观光娱乐等多功能于一体的综合型植物园。发展总目标为"国际一流，国内领先"，近期发展目标为收集华东区系植物和国内外其他植物 1 万种以上，形成以生物多样性物种迁地保存为主的保育中心，并有按 AAAAA 级标准设计配置的科普教育、旅游景观及服务系统。建设内容包括地形地貌营造的土方工程、建筑工程、植物引种及种植、道桥涵管工程、市政配套及安装工程等，主要对每个工程块面所需的数量做了预估，提出每个块面内容的施工节点，并确定 2009 年 12 月为所有工程竣工的总时间点。

（3）建设条件分析。建设国际一流的植物园，上海要有足够的配套条件。《上海辰山国家植物园项目建议书》对其可行性从多个角度进行了分析。例如在基本条件部分，分析了拟建场地的地形地貌、气候水文、植被和土壤等，确定辰山植被在北亚热带季风湿润气候区具有一定代表性，而且园区范围内地形高低起伏，地貌复杂，适宜多种植物生长，有利于对植物实行迁地保护与引种驯化，同时也指出了一些不利条件，例如地势整体过于低洼、平坦，不利于大规格乔木的生长；地表水体虽然丰富，但水质为劣 V 类，需要净化处理。

（4）投资估算。在项目建议书编写阶段，由于项目设计方案等均不明确，只能做大致估算，往往与实际需求会产生至少 30% 左右的估算误差。辰山植物园的投资估算近 20 亿，其中约三分之一的费用需要用在征地动拆迁方面。建设资金建议由上海市财政资金全额安排。

（5）效益分析。主要从上海城市发展需求、国家生态文明建设和人民生活改善等角度阐述辰山植物园这一公益性项目所带来的经济、社会和生态效益。

1.1.3 可行性研究报告

1. 可行性研究报告与项目建议书的区别

从程序上讲，项目建设书在前，可行性研究报告在后，只有项目建议书得到批复后，才能转入可行性报告编制阶段，可以说其是对项目建议书的进一步完善与深化，需要在批复的项目建议书的基础上增加项目总论（含编制依据、原则、范围、自然情况等）、详细的施工方案和实施规划、更为精确的成本估算（含财务计算报表）、项目招投标、项目进度安排、综合评价与结论等内容。项目建议书解决的是上什么项目、为什么上、依据是什么，及怎么上的问题，而可行性研究报告则要对拟上项目从技术、工程、经济、外部协作等多方面进行全面调查分析和综合论证，为项目建设的决策提供依据。

2. 植物园建设项目可行性研究报告编写原则

具体到植物园建设项目可行性研究报告的编写，其目的就是说明一个问题，即项目是否可实现。因此，在可行性报告编制过程中，需要从植物园分布情况、当地民众对其功能的需求等多角度展开调研与分析，内容通常包括项目背景和发展概况、项目建设的必要性、项目建设条件、财务预测、运营和管理设想、社会贡献，以及不确定性风险分析与评估等。出于结论所需，往往还要求提供一些调查数据、检测报告、计算图表、论证报告等材料作为附件，以增强可行性报告的说服力。在具体操作过程中，一个关键部分是进行多学科的现场评估，需要植物学、动物学、生态学、土壤学、地质学等多方面专家进行现场考察，围绕影响植物园建设的各种因素指出优缺点并提供建议。现场评估是对植物园选址情况进行分析，建立详细现场档案资料，这是后续总体规划设计的主要依据。理想情况下，可行性研究将由设计团队开展，有助于设计人员对植物园规划场地有全面深入的了解，对后续详细设计施工等阶段大有裨益。

3. 辰山植物园可行性报告编写实践

自 2005 年辰山植物园建设项目正式获得建设许可后，植物园的方案设计便提上日程，著者以总工程师的身份对辰山及其周围 207hm² 规划用地的地形、气候、土壤、水系等自然条件做了调研，并就当地民众对植物园功能的需求加以分析，组织编写并发布了《上海辰山植物园方案设计招标文件》，邀请了荷兰、德国、日本、英国以及我国北京、深圳、上海等 8 家规划设计单位参加方案招标。2005 年 10 月 26 日，又邀请英国邱园、新加坡植物园、南京中山植物园、中科院华南植物园以及同济大学等单位的 11 位专家进行设计方案评审，遴选出德国瓦伦丁规划设计组合方案，并在 2006 年最终确定由德国瓦伦丁规划设计组合和上海市园林设计院组成设计联合体，进行植物园方案的扩初设计，并组织编写工程可行性研究报告。

依据可行性报告编制原则，德国瓦伦丁规划设计组合和上海市园林设计院在项目建议书的基础上，通过增加建设方案、园区总体布局与功能分区、投资估算等章节，进一步深化报告内容，联合编制完成了《上海辰山国家植物园工程可行性研究报告》（以下简称"工可报告"）。"工可报告"对项目建设前期 2004～2006 年的准备工作做了梳理与回顾，并明确指出：建设世界先进水平、体现上海国际大都市形象的现代化植物园，可以通过华东战略植物资源的保育与可持续利用研究，提升我国植物科研水平；通过城市园艺技术研发与推广应用，实现上海城市生态可持续发展；通过表现植物自然的生态美学价值，打造让人游憩放松的优美游览胜地；通过针对性强的科普教育，提高人民对自然的崇敬和保护意识，满足城市居民"回归自然"和"与自然和谐共处"的心理诉求。本项目的建设是上海建设全球生态之城和增强上海城市综合竞争力的重要组成部分，有助于上海建设和谐社会和率先实现小康社会，是打造 2010 年上海世博会绿色城市名片的一项重大战略举措。

"工可报告"明确了植物园的建设目标是通过 5～10 年的努力，基本建设成为国内领先，在亚洲具有重要影响，可以体现上海现代化国际大都市的经济、文明、文化和科技发展水准的"国际一流、国内领先"的综合型植物园。其功能定位一是依托北亚热带与温带交界的地理区位以及山、林、水、潭、泉、崖等复杂地貌资源，建立"生物多样性保护和可持续利用示范基地"；二是以国际一流植物园为目标，立足华东地区，面向全国和全世界进行特色植物资源的收集、展示及应用，建立"国际性的植物引种和登录资源圃"；三是利用佘山度假区的区位优势，发挥植物的形态美、色彩美、季相美和造型美，逐步形成"华东植物、江南山水、精美沉园"的生态旅游景致，打造生态休闲旅游玩乐胜地；四是把实体、活体与虚拟的网络相结合，构建充满高科技色彩的"植物信息港"，把植物园发展成为影响力显著的青少年科普教育基地。

此外，"工可报告"也根据差异互补、原生态设计、科学艺术相融合、特色创新的原则对植物园的总体布局和空间结构做了规划设计和功能分区。植物园总体设计思路是利用汉字篆书中的"園（园）"字，形象地反映植物园边界、山体、水系和植物的空间结构，并把植物园分成中心展示区、植物保育区、科学试验区和外围林带区四大功能区，同时把园内建筑、道路桥梁、竖向设计、水系驳岸、土壤改良、标识系统、服务设施以及植物引种与绿化规划等进行规划设计和费用预算，这不仅为植物园开展深入的规划设计与施工方案设计奠定了坚实基础，更为争取上海市政府的人、财、物资源支持提供了详细依据。

1.2 规划设计

植物园是一个城市现代化的重要标志，它不仅是植物多样性保护的"诺亚方舟"、人类与自然见面的生命橱窗，更是野生植物资源开发与利用的中心、植物科学知识传播的自然课堂。由此可见，"植物"是植物园进行规划设计时首先要考虑的核心要素。这也让植物园的规划设计和一般项目的设计不同，必须由园林设计工作者与植物工作者共同磋商，合作进行。开展科学合理的总体规划和细致的设计，是植物园建设的基础和根本；只有通过合理的规划，找到合适的发展目标和路径，才能制定科学的措施来具体实施，确保新建植物园能够全面发挥多元化功能。

植物园不是直接从总体规划上建设起来的。总体规划的功能是为植物园搭建一个强大而灵活的架构，给出植物园使命的空间定义和形式，为植物园的未来提供一个长期的、阶段性的路线图,为筹集资金以实现规划目标而提供材料。除了实际工作上的考虑,总体规划还应提供更宏大的功能,以阐明和表达每个植物园的愿景。一份成功的总体规划应当是有说服力的、打动人的和鼓舞人心的。这份总体规划应该为规划设计提供依据和方向指引。

1.2.1 规划设计要点

植物园的规划设计应围绕建园目的,着重考虑 3 个方面的内容,即规划原则、用地比例与配套设施。

1. 规划原则

要按照以人为本、总体定位、建筑先行,再景观细化的顺序展开:

第一,以人为本。既要考虑游客的观赏感受、便捷程度,也要便于员工维护。在游客突出需求的基础上布置基础设施,如厕所、餐饮等,更好地为游客服务。同时,在出入园路径上,要选择与园外大交通相契合的进出口,便于游客出行。在游览路径上,合理设置游线,兼顾重点和特色,便于游客游览,降低方向迷失感和运营管理成本;

第二,总体定位。因地制宜,合理利用区域内的山体、水系等自然元素,按游览、科研科普和管理等功能合理地进行功能分区;

第三,建筑先行。从植物园管理和运营的角度,综合考虑科普、科研、行政、园艺等,规划出建筑的位置、功能及分区,再确定园的分区。园区的入口不宜超过两个,同时考虑集中布局的原则;建筑的风格也要与区域文化风格一致。具体来讲,服务设施、办公区、科普区和主入口宜相对集中,科研试验区、苗圃和科研辅助设施集中,展览温室和生产温室集中,园内服务设施在游览路线需求基础上设置在 3 ~ 5 个核心景点边上,在多数游客愿意停留的集中区域设置餐饮、小卖部和休息区等;

第四,景观细化。整体规划,突出局部,从景观需求、特色展示、游客需求等方面完善景观,利用植物造景,创造优美的园容景观。

2. 用地比例

用地比例要符合《植物园设计标准》CJJ/T 300-2019,建筑面积要控制在园区总面积的 2.5% 以内。根据相关的资料经验,核心区占园区面积的 60%,保育区占 10%,停车服务区占 10%,后备发展区占 10%。各主要区域的人均面积以办公区域 30m²/人、科普 20m²/人、科研 100m²/人、游客舒适度 20m²/人为宜。

3. 配套设施

配套设施是服务性的场所，诸如停车场、厕所、餐饮、儿童植物园等。考虑到植物园的游客受季节（春秋多，冬夏少）和天气的影响较大，且受交通条件（便捷程度）与门票价格等负相关因素的影响，植物园游客的淡旺季非常分明。因此，固定服务设施不宜超过设计游客峰值需求的50%，其余根据需求使用临时性设施，以满足大客流的临时需求。其他的水、电、气的配套依需求而定。

1.2.2 辰山植物园规划设计实践

1. 面临的问题与难点

辰山植物园建设项目于2005年获得上海市政府批准立项以后，如何在山体遭到严重破坏、周边水土质量并不理想、辰山及其周边先天植被欠佳的条件下，规划设计一个"一流"而非"一般"的大型现代化植物园，就成为建设者们需要重点攻克的难题，主要难点包括以下几个方面：

（1）定位高、时间紧、任务重

作为2010年上海世博会配套的重大生态建设项目，辰山植物园从方案设计到开园全部时间不过5年，如何在短期内规划并完成一个能让人耳目一新的大型综合型现代化植物园的建设，极具挑战性。

（2）面积大、基础差、动迁难

辰山植物园选址在"松郡九峰"中颇不起眼的辰山及其周边的农耕用地区域，占地面积达207hm^2。除了因采矿遭受严重破坏的辰山山体外，整个选址范围内遍布农田、鱼塘、村落和企业，且地下水位高，水质为劣V类，土壤偏碱性，存在水土和植被先天条件差、地形改造工程量大、居民和企事业单位动迁难等问题。

（3）懂植物和植物园的设计大师可遇不可求

植物园的设计与一般园林设计不同，需要设计师真正能够领悟植物园的科学内涵，并能因地制宜地结合上海本地地域条件给予特色突出的设计理念，并将其准确地反映到图纸上。

2. 设计实施过程

（1）建设条件调研与人才储备

2004年下半年，针对辰山植物园规划与建设面临的比较突出的设计问题与难点，邀请了上海市属研究机构的专家实地考察、监测分析选址区域的水、土、植被和人文现状等情况。与此同时，又选派多名建设参与者到国外知名专业机构学习访问。这段时间高强度的密集学习和业务锻炼，不仅让这些参与者对植物园的建设、运营管理与发展有了更为系统全面的认知，更通过全方位的调研（全球植物园场地条件、功能定位与发展趋势、国家和地方对植物园的发展需求等），明晰了辰山植物园的定位和目标，借助 SWOT 分析法，找出植物园建设和发展过程中可能面临的威胁、机会及本身的优势和弱点，为进一步的规划设计储备了充足的基础资料。

"规划设计"和"储备苗木"是一个植物园启动建设时几乎要同时斟酌与落实的两大项工作。如果说"规划设计"构建了植物园的骨架，那"储备苗木"则是保障植物园丰满美好的血肉皮囊。为了保障两项工作有序推进，自 2004 年开始，著者开始从上海市属各绿化单位和全国高校引进专业人才和优秀人才，着手进行植物园筹建前期的人才储备，形成了 12~15 人的规划设计和引种团队。规划设计小组策划开展辰山植物园场地条件分析与调研，大量收集国内外植物园相关资料，组织编写项目建议书和设计任务书等工作；引种团队着手制定活植物收集和引种策略，开展引种技术标准的编制以及引种苗圃的规划与建设，并启动活植物收集和种植管理等工作。这种边工作、边学习、边培训的策略，使得筹建工作团队中的每一位成员得以快速成长，目前这些人员多数已经成为植物园或者业内的核心骨干业务人员。

（2）设计任务书编制

设计任务书是由植物园筹建单位根据园址及周边情况调查资料，结合建园目的和意图，根据国家发展战略和地方发展需求，在明确植物园项目建设主题的同时，就植物园规划理念、总体设计及具体内容等方面进行系统梳理，提出设计需求的总体书面材料，是植物园进行公开设计招标和今后持续发展的主要依据。

一般情况下，多数的工程项目是直接委托设计方，只做一些口头的交流或者只提几张纸的简单要求，主要靠设计单位去发挥主观能动性和专业特长，不会设定太多界限或者非常具体的要求。辰山的项目比较特殊，当时，著者被领导派到全球最高水准的植物园——英国皇家植物园邱园去做访问学者，为期一年。到了邱园后，作为园长助理，由园长直接指导协调当时与中国植物园的合作事务。在那里的一年中，从植物园的规划、管理到具体的实践，著者都获得了切身经历。参加的会议从植物园的董事会、园长办公会、部门会议到队组会议，能感受到这种一流植物园的管理模式。期间，在邱园园长的帮助下，还深度考察了欧洲大陆的 20 多个植物园，加上早期参观的美洲、亚洲、非洲和大洋洲的植物园，著者由此对全球的植物园有了深层次的理解，不断揣摩植物园发展的核心规律和内在实质，试图找到植物园成功的金钥匙。经过日思夜想，这些想法和资料记录汇总起来，就变成了设计任务书的初稿；再经过多轮大范围的征求意见和 30 多次修改，设计任务书最终成稿，作为辰山规划设计的具体依据和指南。

《辰山植物园设计任务书》尊重植物园性质与发展规律，按照以人为本、文化创新和尊重功能为先等原则，在项目建议书的基础上开展编制，其核心内容包括以下几个方面：

第一，在项目概况部分介绍了植物园建设背景和选址基地情况，并提供该区域的市政综合管线、交通规划及现状资料、历史文化背景、工程地质、水文和土壤初勘报告等系列资料作为设计依据。

第二，在规划设计总体要求部分明确了辰山植物园的功能定位、总体目标和"植物与健康"这一建设主题。指出建设原则是"景观是根本、科研是基础、特色是关键、文化是灵魂"，总体目标是"国际一流，国内领先"，收集华东区系植物和国内外其他植物1万种以上；形成以生物多样性物种迁地保存为主的保育中心，并有按AAAA或AAAAA标准设计配置的科普教育、旅游景观及服务系统。

第三，在规划理念、设计内容和成果要求部分，明确了辰山植物园的规划理念就是运用生态修复学原理充分利用和保护现有场地特征；又初步就全园功能分区、园容景观、土方设计、游客总体容量、园内外交通、植物展区、基础设施和管线工程系统、建筑设施、科普与旅游服务系统等提出了具体需求，并明晰了规划设计成果需要提交的材料内容和形式。

编制设计任务书可谓是辰山植物园规划设计的一大特色与亮点，因为编制过程就是建设者梳理自身建设需求、明晰建设目标的过程，它不仅为植物园总体规划招投标和评标提供重要参考依据，更为植物园的发展指明了方向。

（3）总体设计图与设计方案征集

总体设计图是一张植物园园址的全图，要显示出预想的植物园建成时的面貌，应以绘图形式体现总体规划，表示出各种不同用途区域之间的位置关系，并附有文字说明，对各个元素在空间上如何安排进行解释。总体设计图不仅表达了植物园的使命和愿景，同时也是植物园内部所有局部场地进行进一步深化设计的指导框架。

辰山植物园总体设计图的总体构思是解构篆书中的"圜"字。其外框为"绿环"，代表植物园的边界，限定了植物园的内外空间，并对内部空间形成防护措施，更体现了"缓冲带"的思想，满足植物园生态恢复、保护的要求。绿环将展览温室、主要出入口、科研中心和游客服务中心等融为一体，通过视觉导向，将植物园主要建筑和植物群落、主题花园融为一体，从形态上组成了一个大地景观艺术，突出了植物园的绿色特质。框架中的三个部首，表达了植物园中的山、水和植物三个重要组成部分，即园中有山、有水、有树，反映了人与自然的和谐关系，并体现了辰山植物园"江南水乡"的景观特质。辰山原有山体形成植物保育区，充分保护现有植被，让其自然演替，在山顶构筑观景平台俯瞰全园，让游人感受自然的变换与力量；对山体的废弃采石场进行坑体、地坪和山崖景观改造，打造色彩丰富、季相分明的矿坑花园和岩石草药园，体现"植物与健康"的新时代主题。中心植物展示区辰山塘以东规划为华东区系专类园，逐步形成收集和展示华东区系植物最齐全的国内领先特色园；辰山塘以西以春、夏、秋、冬四季景区为主题布局各类专类园，打造反映江南水乡特色的优美植物景观系列（瓦伦丁，2010）。

辰山植物园总体设计图切实体现了规划制定思想、规划原则、规划目标，充分考虑了基地原有的景观资源和一些其他优势，扬长避短，因地制宜，化不利因素为有利因素，实现了建筑跟地形的自然结合，形式简洁、美观；传统、自然、现代风格相结合，探索海派园林与景观建筑设计新风格，同时，科研、展览、服务三部分也得到很好地结合。例如，设计图中把遭到严重破坏、景观效果不理想的辰山山体加以改造，分别规划设计了"原生植物保育区""矿坑花园"和"岩石药用区"三个专类园区，形成了悬崖栈道、摩崖石刻和飞瀑等独特景观。对于"绿环"以外的附属区域，则规划了林荫停车场、水体净化场、科研苗圃、专家公寓等科研支撑或游客服务配套工作区域，总体结构简洁明了，功能分区合理，符合中国传统造园格局，反映了人与自然的和谐关系。

（4）扩初设计

扩初设计是对总体设计方案进行细化的过程。在此阶段，更要细致地考察植物园建设的具体细节，确保总体设计图中提出的各个要素实体位置设置、设想的所需费用和空间均正确无误。为了配置植物园每个分区中的实体要素，要按照比例绘制分区图，每个具体地点的艺术特征和实体形状都要在扩初设计时按照更接近其完成后的样式体现出来。

尽管德国瓦伦丁公司给予辰山植物园一个优秀的总体设计方案，但还是可以想见，作为一个植被基础薄弱的新建植物园，其开园时会有这样一个大概的植物景观：虽然有几株大规格乔木，但是稀稀拉拉，更多的是一些中等乃至小规格的乔木，而且都是处在刚刚恢复的状态，是一个不折不扣的新园子。如何能让乘兴而来的游客忘记这是一个新园子，而又不靠大规模地种植大规格乔木来解决？如何揉合中西设计、克服植物水土不服？这个难题抛给了上海植物园、上海市园林设计院等中方参与单位。两家单位以打造"资源节约型、环境友好型"的新植物园为目标，充分考虑场地的不利条件，以保护和恢复场地自然特性为基础，本着突出植物园科学内涵、面向植物研究基地建设、顺应上海国际化大都市发展对生态环境建设的需求，以及紧追世界植物园发展最新潮流、打造国际一流植物园的规划理念，对辰山植物园进行了扩初设计。设计内容主要包括"竖向设计""绿化设计""硬质景观设计""结构设计""给排水规划""电力电信规划""消防初步设计""环保、节能、节水初步设计"和"燃气规划"等。在植物景观方面的扩初设计总体遵循的原则如下：

第一，要尊重"新园子就是新园子"的客观发展规律，不为游客创造雷同于传统园子那种密集种植缺乏美感的植物景观。

第二，给游客的概念是到植物园看什么？是一株一株姿态优美、树形完整的"标本树"，引导游客来植物园欣赏和学习植物学知识，而非简单享受自然。

第三，要在重点位置布置一部分大规格乔木，以保证主题景观需要，帮助形成植物园大的总体框架。

第四，要考虑到植物园的骨架部位，如外围标志绿化、"绿环"绿化、行道树以及各个专类园的骨架布置。

第五，要用一些球根、宿根、灌木等结合的园林小品创造一个个景点来吸引游客视线，让人的视线一直在近点，而不是大的远景。

（5）科技支撑体系规划设计

科技支撑体系可谓是植物园的管理体系，是植物园可持续发展的软件支撑与保障。在建设期间，从科研、园艺、科普、游客服务体系建设等角度开展科技支撑体系的建设规划，是植物园项目建设完成后可同步实现正常运营与管理的保障。

辰山植物园的科技支撑体系规划设计得到了上海市科学技术委员会的大力支持。著者牵头成立了专题研究组，以科研项目形式对辰山植物园的科技支撑体系建设做了专题研究与规划。自2005年12月开始，经过一年的努力，项目组先后调研了国内外著名植物园（国内10个、国外70个），或实地考察，或网上搜索，收集资料和探究内涵，解析其成功之道，并结合自身多年在植物园工作或在园林规划设计中所积累的基础知识和实践经验，以及在国际交流中得到的启迪，完成了辰山植物园科技支撑体系规划研究。主要内容包括以下几个方面：

①科研体系规划：提出了辰山植物园科研战略定位、组织框架、主要研究领域，以及阶段科研目标，即通过5~10年的努力，把辰山植物园基本建设成为国内领先、在亚洲具有重要影响的植物园，体现上海现代化国际大都市的经济、文明、文化和科技发展水准。同时也提出辰山植物园根据研究工作和植物园的需要，应设立并完善相应的研究平台和技术支撑体系、科研管理体制、国际科研合作与交流体系、制度与文化建设等。

②园容景观与环境支撑体系规划：提出通过营建特色的专类园和水生生态系统，包括破残山体和劣质水体的修复，创建辰山植物园为江南水乡文化新园林。明确辰山植物园的矿坑花园、水生植物区、华东植物收集区、展览温室等列为规划设计重点，并在环境支撑体系方面对植物园的水系进行规划设计，提出辰山植物园日最大补水量为3000m³，对于补水水质拟采用"混凝沉淀＋高通量潜流湿地"处理工艺进行补充水质的处理。

③植物收集、保存与展示体系规划：结合植物园迁地保护这一历史重任，并结合其区位特点，确定了辰山植物园的植物收集和展示目标为到2010年应达到6000种，并构建植物收集、保存与展示的技术体系。同时，明确了植物引种策略为"立足上海

地带性植被分布区，面向华东、华中、中南及其他引种可能性地区，收集中、北亚热带和温带南部地区的植物种类，并广泛收集国外适生性植物种类；国内植物收集以我国珍稀濒危植物、特有种，以及单（寡）型的科、属植物为引种重点；国外植物收集以观赏价值高、适生性强的园艺植物品种为主，为辰山植物园乃至城市的景观营建服务"。

④科普框架体系规划：提出辰山植物园的科普总目标是"面向公众，普惠百姓，普及植物学和园艺学知识，重点进行环境生态学教育，提升国民素质"，并从科普目标设立、科普机构设置、科普硬件和软件设施建立、科普教育人员编制、科普教育活动设计、科普人员培养、科普交流体系创建和网站建设，以及科普资金筹措等方面，系统地构建了辰山植物园面向公众、普惠百姓的科普教育框架体系。

⑤数字化体系规划：提出拟运用当前植物园中成熟的技术，将各系统进行模块化集成与整合，采用光纤、有线网络和 Wi-Fi 相结合的方式进行系统网络建设；采用国际上先进和主流的控制系统结构——基于现场总线的环境综合自动化系统研究环境跟踪和植物生长关联的先进管理系统。拟将辰山植物园建成一个高度开放性和兼容性的大集成平台，并从植物信息系统、环境跟踪与植物生长管理系统、办公信息系统、植物园网站建设、数字化设施设备与新技术运用、系统整合与维护等方面来探讨构建一个全面有效的数字化植物园体系。

总体设计图与扩初设计塑造了植物园的整体架构与风貌，科技支撑体系规划设计则赋予了植物园灵魂与内涵，让她有了有效运转与发展的动力。在辰山植物园建设初期就开展了科技支撑体系规划专题研究，对辰山植物园的规划与建设起到了很好的支撑与指导作用，主要表现在以下几个方面：

一是通过开展园容景观与环境支撑体系规划，明确了几个核心特色专类园及其规划设计需求，并明确了全园景观水体修复和水系规划的具体指标，有效支撑并指导了辰山植物园在专类园、景观水体和供排水等方面的扩初设计；

二是通过植物收集、保存与展示体系规划，分阶段明确了辰山植物园引种目标，并制定了引种策略和引种技术规程，为全园景观苗木引种、科研引种和栽培养护管理等提供了技术指导；

三是通过科研体系规划，明确了研究方向和团队发展计划，为科研大楼、实验区域划分、科研温室和科研仪器设施等配套设施的设计与配备等指明了方向；

四是通过科研、科普、植物引种和数字化等全方面的体系规划，有效指导了全园在建设和运营管理阶段，如何设置科研、科普、园艺和管理等各类人才梯队，有效支撑植物园的建设与管理。

1.3 施工建设

1.3.1 植物园特色建设

我国现有的近 200 个植物园，在规划建设中部分存在着诸如园区规划不合理、专类植物分区雷同、植物景观缺乏地域特色、收集植物种类偏少等问题。为吸引目标游客，新建植物园应该如何区别于其他植物园及当地的公园呢？这就需要加强植物园的特色营建，例如英国邱园几个引领时代的展览温室、爱丁堡植物园的高山植物区、美国杜邦花园的音乐喷泉和 20000m² 的展览温室群、纽约植物园的南美热带雨林温室、加拿大布查特花园四季富有变化的矿坑花园等，均让人印象深刻。

1. 植物园特色营建原则

（1）打造标志性景点

植物园的特色并不在多，有 3～5 个引人入胜的景点，在核心游览线路上有 2 小时左右的时间游览，园区景观美丽，使游客流连忘返，即为最佳。国际上知名植物园的景观都体现如下特色：

①整体景观养护管理水平高；

②布置景观雅致；

③场地特征明显；

④季节性植物景观引人入胜。

（2）注重植物多样性收集与展示

植物多样性是植物园的灵魂，落实到某个植物园，重点在于展示本地区丰富的植物和自然景观，反映地方历史文化，体现强烈的地域特征。结合当地的地理、气候环境特点，始终抓住植物造园、造景这一主线，在植物专类园的设置上体现地方植物特色，根据需要有选择地保存历史人文景观，并在展览的安排上符合当地人的生活习惯和审美内涵，方便游人游览，使科普在游览过程中得到体现（胡永红，2006）。

（3）差异化是在竞争中胜出的关键

目前，各地旅游行业发展迅速，旅游产品多元化，民众的欣赏水平不断提高。与植物园特点相近的自然保护区、公园、森林公园等层出不穷，在这样的竞争环境下，植物园如何脱颖而出呢？植物多样性及以此为基础的设施和活动是植物园的制胜法宝。

2. 辰山植物园特色建设

（1）突出植物收集重点

辰山植物园地处华东地区，野生植物收集主要为华东区系植物，重点关注华东地区珍稀濒危植物；园艺植物收集主要为国外观赏价值较高的园艺品种。目前辰山是国内收集园艺品种最丰富的植物园。

（2）充分利用场地特征打造特色专类园

利用辰山得天独厚的山体、水系优势，围绕辰山山体，充分挖掘特殊性和文化代表性，打造国内独有的矿坑花园、岩石和药用植物园；围绕水体和国外丰富的专类品种，打造独具特色的鸢尾、王莲等专类园（胡永红，2006；崔心红等，2010）。

（3）根据科研科普需求打造活动场地

围绕建筑与艺术融合、理念和设计创新、科研和科普需求、功能与活动结合，打造国际顶级的展览温室（胡永红，2005）；根据青少年的特别需求，建造了针对少年儿童的儿童植物园，培养青少年从小接近植物，亲近自然。

目前上海的公园有300多个，其中还有几个森林公园，植物丰富、环境优美，与辰山植物园有相似之处。但是丰富的植物种类、深厚的科学内涵、精美的园艺景观、独具特色的园艺展览和科普活动、良好的生态环境等都是辰山植物园区别于其他公园的特色所在，获得了良好的口碑。

1.3.2　植物园基础工程建设

植物园的基础工程建设包括建筑、道路桥梁、土建工程、给水排水和景观工程等。每个植物园在建设过程中都会因为场地条件和规划设计方案的不同而遇到各类施工难题。

1. 辰山植物园施工建设难点

上海辰山植物园建设项目于2007年3月31日破土动工，以扩初设计阶段完成的施工图为蓝本，完成各类工程项目的建设，共分四期开展。在施工过程中遇到了以下建设重点与难点（彭贵平，2010）：

（1）"绿环"堆筑。根据规划设计，"绿环"工程沿园区一周，长度4.5km，最宽处200m，窄的地方50m，填土最高处达13m左右，平均高6m。但基地地面以下浅部11.7m范围内土质很差，地基承载力较低，压缩性较高。浅层软黏性土结构强度在60~80kPa左右，在不采取任何地基处理的情况下，仅能堆载3.5m左右，当高度达4m以上时，土体则产生大量非线性附加沉降和水平向流动，直接导致土体失稳。因此，若要达到设计要求的堆载高度，必须采取地基稳固措施。

（2）建筑高填土工程。三大主体建筑镶嵌于"绿环"中，与"绿环"高填土融为一体。高填土会使地基软土层产生较大的水平位移和水平力，并会在建筑物桩基产生较大的水平剪力和弯矩，如何分析并明确"绿环"地基基础处理、如何协调主体结构设计，并将"绿环"对主体结构的不利影响减至可控范围内是工程难点。

（3）植物种植工程。因整个植物园基地地下水位偏高，多数地方存在树穴积水、植物根系浸在水中的情况，给植物尤其是不耐水湿的乔木的种植和成活带来不利影响。此外，引进植物种类繁多，生物学特性和生态习性难以把握，养护难度大。

（4）矿坑花园土建工程。矿坑花园景观游线中的山洞需爆破，而辰山山体岩石有些地方零碎松动，爆破可能有塌方危险。深坑水潭距离地坪20m，水深也有20m，栈道施工需在山体岩壁上锚固。在这样环境条件下，施工作业相当危险，同时栈道与浮桥吊装也相当有难度。

（5）客土来源量大且土质状况堪忧。为了创造多样化的地貌结构，"绿环"堆筑所需约200多万立方米的来源不明的土方运到园区，土质理化性质复杂且指标低下。因此，为满足植物园景观营造和植物种植需求，建设过程及开园以后需持续检测土壤质量，并结合种植物的立地要求加以改良。

2. 辰山植物园建设技术措施

根据以上五大建设难点，辰山植物园建设管理部门与项目施工单位共同商讨制定了一些专业技术措施，保障了工程项目按期推进。主要包括以下方面：

（1）制定经济合理的地基处理措施，建立沉降监测系统，完成"绿环"高填土堆筑方案，并最大限度降低高填土对主体建筑的不利影响。根据"绿环"不同部位采用不同地基处理措施，对临近建筑区域采用挡土墙，高填土部分采用部分工程桩基与路堤桩等措施，减少高填土对建筑基础的影响。离建筑较远的"绿环"则采取造价较低的塑料排水板作为加速土体固结措施，并在地面设一层100～150cm的砂垫层，作为土体内孔隙水排出通道，节约了工程造价。采取必要处理措施后，建立以沉降监测为主的有效、动态监测系统实时监控，获取地基形变相关信息，指导、调整整个工程施工方案和施工节奏。

（2）因势利导进行洼地栽植，多途径并行加速土壤改良。根据现场实际情况，在局部积水区域设置盲沟或明沟解决场地低洼积水问题。通过树穴之间排盲沟贯通，将水导入周边明沟或河浜。对地势过低区域选择适于生长的水生、湿生植物，同时加强养护，在雨季做好抽水、临时排水等，保证植物种植和成活。针对辰山植物园中瘠薄土壤和不明性质客土对未来植物种植的压力，进行了土壤质量的动态监测和重点区域的土壤改良措施对比研究，确定"适地适树"植物的合理种植方案以及"改土适树"土壤改良的技术措施。

（3）邀请专业爆破人员施工，确保矿坑花园土建工程按设计方案施工。以专业技术为依托，邀请专业施工队伍进行山体爆破，做好爆破准备，严格清场，确保安全。针对栈道、浮桥安装进行专题讨论，精心安排吊装方法、程序等，吊装时监理严格按照既定程序和方法监督，及时发现和排除各种安全隐患，确保顺利安装。

1.3.3　活植物收集与种植

植物园是实施植物迁地保护的理想场所，如著名植物学家洪德元院士所述："植物园可以做很多工作，但如果不做迁地保护工作，这项工作即没有其他部门做。"此外植物也是植物园景观营造、科学研究和科普教育等各方面工作开展的必不可少的核心要素。因此，无论从植物园的使命，还是其自身发展需求来讲，开展活植物收集与种植、加强植物的迁地保护，都是植物园建设与发展过程中必不可少的一项重要工作内容。我国植物园共收集保存了近 20000 种植物，约占中国有产植物种类的 2/3，占世界植物园收集栽培种类的 1/4（表 1-2）。中国科学院植物园更注重立足各自所在地域，收集保存活植物达 15000 余种，其中一些专类植物收集都已形成了各自的特色。

中国部分植物园的植物收集现状　　　　　　　　　　表 1-2

项目　　名称	活植物收集（种）	种子收集（份）	标本收集（万份）
北京市植物园	10550	NR	NR
中科院植物研究所植物园	7230	80000（非活种子）	260
华南植物园	9088	ND	100
西双版纳植物园	19282	11300	23.1
武汉植物园	12538	2000	30
昆明植物园	8740	82746（活种子）	111.4
深圳仙湖植物园	6744	ND	13.2

注：活植物收集种数，含种下单位，包括亚种、变种、变型和品种；NR：无记录；ND：无数据。
来源：中国科学院植物园年报，2019

辰山植物园地处我国经济发达的华东地区，整个区域内已有历史较为悠久的南京中山植物园、杭州植物园、庐山植物园与上海植物园等植物园分布，其中中山植物园（1929 年）与庐山植物园（1934 年）都是早在民国时期就已经建成的、有着雄厚历史积淀的植物园。这几个植物园在专类园设置和研究方向上虽有相似之处，但又各具特点，例如南京中山植物园立足华东植物区系，面向中、北亚热带，设置了植物分类系统园、药用植物园等 10 余个专类园（区），在中山杉、黑莓及菊科植物培育，及草坪草种质圃构建及推广应用等方面取得了显著成绩；庐山植物园主要从事长江中下游亚热带山地野生植物的调查、引种驯化及开发利用研究，其中以松柏类植物和杜鹃花科植物为主要特色，还拥有我国第一个岩石园，根据地势种植高山植物，布置精巧，表现了植物与环境的统一；杭州植物园繁殖保存了 340 余种浙江特有的珍稀濒危植物，并开展了保育研究，是 20 世纪 80 年代我国珍稀濒危植物迁地保护的佼佼者；上海植物园则以园林植物的引种栽培为主，为上海市的园林绿化、美化、香化做出了突出贡献。

如何与华东地区的已有植物园错位发展，制定合适的活植物收集策略，对它们实施迁地保护，并在专类园区加以展示和应用，就成为辰山植物园规划建设时需要认真研究并攻克的难题之一。此外，辰山植物园作为一个新的植物园，正逢中国植物园发展的春天，也是上海的经济与社会发展到一定阶段的必然结果。其植物收集工作也必然需要顺应时代的发展，在确定收集主题和收集范围的基础上，必须制定严格的收集流程；在各个植物收集阶段，必须进行档案记录，并以制度保证植物信息档案能够长期保存。

为了满足园区建设所需，科学开展活植物收集与种植等工作，早在 2005 年，著者就接受委托，牵头组建了引种工作小组，启动了辰山苗圃的建设，研究制定了建设期间的科学引种计划，规范了科学引种流程，主要工作如下：

1. 制定科学引种计划

植物收集的种类与科学性是衡量一个植物园建设水准的重要标志，植物科学引种是辰山植物园建设的首要任务之一。植物园的植物收集不同于市场化的苗木购买行为，具有强烈的科学性、准确性和保护性，主要体现在：

①以科学研究、物种保护与公众展示为目的；

②需要有准确的学名、来源和相关物种信息；

③从种子收集、种苗引进到入圃培育、植物园定植等全过程，都必须有连续的科学记录；

④收集的种子需要有凭证标本、GPS 定位等专业性强的辅助工作，以便今后查证与科学研究之用；

⑤在科学收集植物的过程中，需要培养专门从事植物分类、物种保护、科学引种等方面的专业人才。

根据以上科学引种标准，辰山植物园制定了引种计划，主要开展以科学研究为目的的引种，立足华东植物区系及其周边区域，开展物种迁地保护、种质资源保存研究，引种以种子和标本采集为主，条件允许的情况下少量采集或引种部分植物种苗。具体工作指标如下：

总体目标：至 2010 年年底，引种国内华东区系植物为主的植物 3000 种，并解决引种技术难题，引种国外观赏性强的乔木、花灌木和宿根花卉等 6000 种。

收集范围：国内植物收集要充分体现植物园的地域特色，重点开展其所在区系内的植物引种保育工作，收集范围以江苏南部、安徽南部、河南东南端、湖北东部、湖南东半部以及江西和浙江地区（除两省的最南端外）为主。国外园艺品种主要引种来源是荷兰、法国、德国、比利时、日本、加拿大、美国、澳大利亚等园艺品种发达国家的苗圃、植物园等专业性强的园艺品种培育机构和公司。

收集对象：国内植物收集以我国珍稀濒危植物、特有种、单（寡）型的科、属植物为引种重点，兼顾收集中、北亚热带和温带南部地区的其他植物种类；国外途径收集观赏性强、适合上海地带性气候的系列园艺品种。

保障条件：包括引种标准、苗圃培育技术和档案记录体系等方面的引种技术保障、设施设备保障和人才保障等。

2. 活植物科学引种与数字化管理

对于野外采集、播种、苗圃培育、种苗引进与采购等方面，分别建立相关技术要求与技术实施体系，尤其加强在引种过程中各阶段建立严格、完整、连续的档案记录、整理与保存技术措施，如野外采集记录表、播种记录表、植物培育记录表、物候记录表等档案记录体系。

随着数字化时代的到来，植物园的植物收集工作越来越重视档案记录的整理与永久保存。除了传统的文本记录得到保留外，同时也要将记录的资料输入计算机，以信息化的数据进行保存和整理，甚至相继开发多样的数据系统，进行便捷的数据查询和管理。辰山植物园的植物收集，在工作伊始就制定了相对完整的、连续的植物收集信息永久保存和整理体系，对于已经收集的植物全部做了记录和整理，建立了活植物管理信息系统，并永久保留收集过程中采集的物种收集凭证标本，便于今后对物种收集的核查和相关研究。

3. 景观植物种植

短期内建造一个综合性强、景观效果好的大型现代化植物园，会受到诸多因素的限制，不仅需要能真正领悟植物园本质的专家和能把握总体概念的设计师，更需要大量、类型多样和大规格植物材料和优良的绿化施工技术，在短期内能撑得起主体景观。鉴于此，对全园植物景观形成一个总体概念，并制定详细的实施计划是非常必要的。

（1）植物景观总体概念：本着让游客欣赏和学习植物知识、享受自然这一概念，遵循植物园发展客观规律，打造一个可以彰显植物个体之美的新园子。在重点位置通过布置一部分大规格乔木来满足主题景观需求，细节方面则通过花灌木和宿根类等草本花卉的运用，布置一个个园林小品来吸引游客视线。

（2）园区乔木的选择标准：需选取定名准确、资料详尽、来源明确的乔木，主要包括体现早期植物景观的景观乔木和兼顾研究所需的科研树种两大类。为了提高成活率，则根据胸径大小确定树冠是否需要修剪以及根部土球的大小，园路遮阴树或列植树需树干挺拔，分支点高度在2.5m以上，且规格统一；孤植景观树根据景观需要可适当自然弯曲或下垂。

（3）外围种植：需体现植物园的形象，考虑到植物园边界被河道隔离，建议种植一些耐水湿且快速生长的杉科植物，如水杉、池杉、墨杉及水松等，段间可以种植一些常绿的乔木，围墙或围栏处则种植藤本观赏植物。

（4）绿环种植：是植物园内长度最长、地形变化最丰富，又跟道路紧密结合的绿色通廊。这里可作为世界五大洲植物的展示地，其景观特点为植物种类多，规格不一，种植形式多样。

（5）行道树种植：使用生长快、寿命长，或能开花、冠幅大且好的植物，如白玉兰、无患子、杂交鹅掌楸、元宝槭、复羽叶栾树等。

（6）专类园植物种植：在重点部位种植大或超大规格乔木，更多的空间则应依靠园林小品或其他硬质景观，结合球宿根、灌木等，在短时间内可创造一个个优美的景点。因为在短时期内很难对每个专类园都重点对待，故除了几个关键的专类园以外，多数专类园只是考虑了简单大体的景观，不会在细节上投入太多精力。

1.3.4 管理体系建设

1. 中国植物园管理体系现状

谈到我国植物园管理体系的建设，可以根据隶属关系分别讨论。我国现有植物园和树木园 162 个，分布涵盖了主要气候区，但寒温带和青藏高原寒带尚属空白区，目前植物园的建设已进入稳步发展阶段（黄宏文，2018）。162 个园子根据隶属关系的不同，大致可以分为科学院系统植物园、城建系统植物园、林业系统植物园、农业系统植物园、医疗系统植物园、教育系统植物园和民办植物园等（谭淑燕，2007）。

（1）科学院系统植物园：由中国科学院、各省科学院，或科学院与省级单位联合建设与管理。此类植物园的建设初衷大多以科学研究为主，筹建和运营管理方面大多以科学院为主导，在管理和工作人员的配备上也更倾向于科研、科普等相关团队的建设。

（2）城建系统植物园：由我国各地市负责园林建设的相关单位（如建设局、园林局等）负责建设与管理。此类植物园的建设初衷大多为了改善当地生态环境，为市民提供游憩放松的场所，因此在管理和工作人员的配备上更倾向于园艺、科普和游客服务相关团队的建设。

（3）林业系统植物园（树木园）：由我国各省市林业局（厅）、林业科学研究院（所）建设与管理。此类植物园的建设初衷大多为了保护和利用我国重要林木资源，因此在管理和工作人员的配备上则更倾向于林业相关专业人才。

（4）农业／医疗／教育系统植物园：和林业系统植物园类似，由农业、医疗、教育系统的工作机构建设与管理。其功能以服务各自条线的专业工作需求为主，如农业系统植物园以保育和研发各类农作物的功能为主，医疗系统植物园则为保育和研发各类药用植物教学服务为主，教育系统植物园则直接服务于大中小学的植物专业课程教学。在管理和工作人员的配备上则更倾向于林业相关专业人才。

（5）民办植物园：由一些企业或者民间基金会根据业务发展或者公益需要而创办，其管理主要采取企业化运作与管理模式。

2. 辰山植物园管理体系的建设

辰山植物园作为上海市人民政府与中国科学院、国家林业和草原局合作共建的植物园，其隶属关系相对复杂。根据三大共建机构职责分工，上海市人民政府主要负责植物园建设资金的筹措和植物园园区的规划与建设，中国科学院重点负责科研中心的规划与科研团队的构建，国家林业和草原局则主要从政策和资源角度对植物园的建设与发展给予支持，因此辰山植物园主要带有科学院系统和城建系统两类植物园的属性，其建设与运营管理主要由院地合作来共同完成。

（1）院地合作管理机制的建设

2005年8月，中国科学院与上海市签订了《合作共建上海辰山植物园工作协议》，协议中明确了合作内容和合作机制。根据约定，双方共同派员成立工作领导小组，由上海市和中国科学院领导共同担任组长，成员由双方相关部门领导组成，领导小组下设办公室，具体负责合作相关事宜。在2005~2010年建设期间，院地双方明确中国科学院上海生命科学研究院和上海市绿化和市容管理局为院地双方合作主体，两个合作主体下属的中科院上海生科院植物生理和生态研究所与上海植物园为具体实施机构，并成立了由两个机构负责人为主要责任人的工作小组，通过走访和调研国内外植物园科研情况，编制完成了科研中心建设可行性研究报告，并完成科研大楼的规划与建设、科研硬件设施的购置等。2010年辰山植物园建设完成后，正式成立了由上海市和中国科学院双方相关部门领导组成的理事会，负责主要领导聘任等重大事项的审议与决策，实施理事会领导下园长/主任负责制，由院地双方共同对辰山植物园/中科院辰山植物科研中心进行运营管理。

（2）院地合作管理制度的建设

经过五年的建设、十年的运营管理，辰山植物园在院地双方15年的合作之下，顺利完成了建设并得以快速发展，成为院地合作较为成功的案例之一。通过不断摸索与磨合，在院地合作制度方面逐步形成以下特色：

一是人员管理，所有工作人员由中国科学院和上海市联合招聘，但根据工作岗位的不同分开管理，其中研究组长或研究骨干由中国科学院聘用，按照中国科学院相关制度进行职称评定和工资分配，其余科研助理、科研支撑人员和其他工作人员由上海市聘用，参照上海市事业单位相关标准进行人员的招聘和管理。

二是经费和资产管理，植物园运营与管理经费主要由上海市和植物园自主创收解决，中国科学院以科研项目形式给予植物园相对稳定的研究与专类园管理经费，双方投入的经费按照来源由院地双方分别建账建册。此外，对于科研人员通过中国科学院或者上海市不同途径对外争取到的科研项目经费，也参照运营管理经费模式，根据项目承担单位的不同，由院地双方分别建账进行经费的使用与管理。

三是学术管理，为了强化科研发展能力，成立了学术委员会。学术委员会由国内外知名植物专家学者组成，对辰山植物园的科研定位、特色、运行机制以及科研发展思路等给予了支持与指导，帮助辰山植物园科研工作迅速进入了发展快车道。

（3）院地合作管理实体的建设

《合作共建上海辰山植物园工作协议》中约定，院地双方按照"全面合作，优势互补，注重实效，资源共享，共同发展"的原则，联合共建上海辰山植物科学研究中心这一工作实体，为上海城市绿化行业水平提升和辰山植物园发展提供科技支撑。

2006年起，上海市和中科院联合启动了中科院上海辰山植物科学研究中心这一非法人研究单元的筹建工作，经过3年左右的考察与调研，编制完成了中国科学院知识创新工程非法人研究单元建设可行性研究报告，在2009年6月4日通过了中国科学院组织的专家论证，当年11月3日中国科学院发文正式批准成立"中科院上海辰山植物科学研究中心"，明确中心将以高水平的科学研究提升辰山植物园办园水平和地位，建成植物引种驯化、园艺育种、植物多样性保护和资源可持续利用的研究与开发基地；为辰山植物园建设和上海市园林绿化工程提供科学与技术支撑，为科普教育和科学知识传播提供平台；用高水平的研究成果提升辰山植物园的国际影响力和办园水平，成为辰山植物园和国内外一流植物园交流合作的重要窗口。

由中国科学院和上海市政府合作共建的辰山植物园（中科院上海辰山植物科研中心），在机制上是一个重大创新，试图将双方的优势完美结合，争取做出1+1>2的效应，希望在植物园快速发展的关键时期梳理出新思路，开辟出新天地，取得重大成果。

1.4 植物园成功建设的关键因素

对于植物园建设者来说，无论是建设一个新的植物园还是对现有的植物园进行翻新和扩建，都是一个机遇与风险并存的过程。从植物园项目启动、建立管理和组织机构、进行初步规划设计（含科研、科普等），到具体实施施工，每一个步骤环环相扣，都对项目最终能否取得成果具有至关重要的作用。

1.4.1　植物园建设因素表

著者 2017 年参编《科学植物园建设的理论与实践》（第二版）一书时，就对植物园成功建设的关键因素做过梳理，并列举了植物园建设因素表，可供新建和现有植物园参考（表 1-3）。

植物园建设的关键因素　　　　　　　　　　　　　　　　　表 1-3

核心环节	关键因素解析
组织	1. 建园的目的和需要实现的目标是什么 2. 有明确的使命与愿景描述 3. 最好的管理模式是什么 4. 有适当的法律和行政结构 5. 最优的职工结构是什么
规划	1. 如何找到适合的植物园设计 2. 计划和时间表是什么 3. 通过 SWOT 分析（优势、劣势、机会、威胁），分析任何可能的挑战和风险是什么
基础设施	1. 项目位于哪里 2. 所需的项目元素有什么 3. 如何建立安全的植物园网络
预算	1. 建设与发展所需的经费预算是多少 2. 如何获得资助 3. 运营和维护的经费预算是多少
对社会的贡献	1. 在国家和国际层面上，对科学和文化有哪些贡献 2. 有关利益相关者（如政府、市政、官方和地方当局、私人）的支持如何得到保障

1.4.2　辰山植物园规划建设中的亮点与启示

辰山植物园诞生于上海经济高速发展、需要不断提升城市综合竞争力的历史时期。2002 年上海世博会举办权的获得，成为开启本植物园建设项目的钥匙，为其快速规划与建设打开了绿色通道。本项目从规划选址到完成建设，前后一共历时 7 年时间，先后面临了定位高、时间紧、自然条件差、规划设计难、施工频繁遭遇技术瓶颈等一系列困难。虽然困难重重，但辰山植物园在 2010 年 4 月 26 日还是按照计划如期完成了建设任务，并对外试开放，除展览温室外，共完成了中心展示区 26 个专类园、植物保育区、五大洲植物区和外围缓冲区等四大功能区的建设，成为占地面积达 207hm² 的华东地区规模最大的植物园。著者认为，辰山植物园建设案例可以从以下几个角度为其他植物园的建设提供些许启示：

1. 建立规划指导小组，明晰植物园使命与定位，编制可行性研究报告

植物园不同于城市公园，是调查、采集、鉴定、引种、驯化、保存、保护和推广利用植物，普及植物科学知识，并供群众游憩的园地；它的规划与建设需要植物学、园林规划、植物生理学、生态学等多层面的知识碰撞，并要满足其所在城市的生态发展需求。因此，根据需求成立由市政规划和建设主管机构以及不同专业专家等共同组成的规划指导小组，可以在结合国家战略和城市需求的基础上，根据全球植物园发展背景，结合场地自然条件，明晰拟建植物园的使命与愿景，并进行 SWOT 分析，进而编制植物园建设可行性研究报告，说明建设植物园的目的、意义及必要性和可行性，上报相关机构审批后完成植物园的启动，同时也可以吸引更广泛的投资者参与。

2. 调查场地立地条件，初步形成园区功能分区概念，编制设计任务书

对园址现状进行水、土、地质、气候、植被等自然条件和周边交通、文化氛围等社会条件的充分调查，编制要素项目表，通过数据结果对建园地点进行分析和评估，然后结合园区不同区块条件形成一个初步的功能分区概念。在此基础上编制设计任务书，明确规划设计原则和设计主题等内容，并就游客总体容量、园内外交通、植物展区、基础设施和管线工程系统、建筑设施、科普与旅游服务系统等提出具体需求。这不仅是进行植物园设计公开招标的主要依据材料，也是设计招标后评选植物园设计方案的依据，更是后期建设施工的基础。

3. 寻觅设计团队，成立方案评审专家组，甄选优秀设计方案

一个成功的植物园设计不仅决定着植物园的总体框架与布局结构，也决定着建成后的植物园在运营中能够充分发挥与其使命相契合的多元功能。优秀的设计方案依赖于一个经验丰富的设计团队，团队不仅要懂得植物园的规划设计，也要熟悉常用园林植物的生态习性，能将植物的运用发挥到极致。最关键的是，设计方案一旦确定，很难再进行大幅度的改变或调整。因此在寻找合适设计团队的过程中，植物园建设者所作出的任何努力与投资，对于植物园项目的实现来说都是非常必要且很有价值的。辰山植物园在规划设计过程中编制并发布了招标文件，启动了国际招标，成立了由 11位国内外植物园专家组成的设计方案评审专家组，对多家设计团队提供的设计方案进行了评审，最终遴选出既尊重古典，又彰显现代的德国瓦伦丁设计组合方案，确定了辰山植物园的"园"字总体框架和布局结构，不仅创造了一个绿色空间，而且把园区融入现有的山水环境中，既尊重了中国传统园林艺术，又具时代特征。

4. 技术过硬的承包商是园区设计方案落地的保障

优秀的设计方案,虽然是建立在对园区进行实地调研的基础上完成的,但在具体施工建设过程中仍然会遇到各种意料之外的施工难题。辰山植物园亦是如此,先后碰到了绿环堆筑、植物种植、矿坑花园土建爆破等技术瓶颈。在筹建人员、项目经理、设计团队及植物园工作人员的共同参与和密切配合下,承包商凭借丰富的经验积累,共同帮助设计方案逐一落地实施。

5. 系统规划,寻求合作是园区软实力建设的保障

根据辰山植物园的目标定位,在规划与设计阶段,就对植物园的科研、园艺、植物收集与保育、科普及数字化等科技支撑体系的建设与发展进行系统规划,不仅制定了活植物收集策略、引种收集流程和迁地保育技术体系,为园区内植物景观建设和植物研究奠定了工作基础,更为科研、科普、园艺相关人才团队建设指明了方向。此外,规划建设期间,为了实现高水平的建园目标,上海市主动寻求中国科学院与国家林业和草原局的大力指导与支持,签订了合作共建协议,并将合作落到实处,请中国科学院上海生命科学研究院一起进行科研中心筹建,共建了中国科学院上海辰山植物科学研究中心,明晰科研定位与学科布局,并在中国科学院的支持下完成了第一批科研团队的建设。

总之,植物园项目建立管理和组织机构、规划设计(含科研、科普、信息化和植物引种等)、实施施工等每个步骤的一切细节因素都会对项目能否成功起到至关重要的作用。

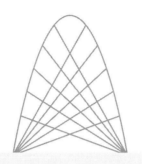

第 2 章
植物园运营与管理

植物园作为一个组织或机构，其运营包括治理（governance）、管理（management）和劳动（labor）三方面，但中国的植物园同行一般把管理当作运营。管理是指按照植物园的使命和目标，通过决策、计划、组织、控制、领导和创新，对植物园的人、财、物、信息等资源进行合理配置和有效使用，实现植物园的研究、保育、收集、展示、科普教育和游憩等主体功能，并推进植物园可持续发展的动态创造性活动（任海 & 段子渊，2017）。本章节将从植物园运营与管理过程中涉及的几大块核心工作分别阐述植物园运营与管理过程中需要重点关注的事项。

2.1 内设机构与团队管理

内设机构是组织内部分工协作的基本形式，它是保障植物园有序运营、实现战略发展目标的工具，具体涉及领导机构、职能部门等管理职责和权限的规划与部署，以及组织成员之间相互关系的安排与协调等。植物园一般从行政管理与业务两个方面来设置内设机构，行政管理机构一般包括领导机构和具体负责全园行政事务管理的办公室、人事处、科研管理处和财务处等职能部门；内设业务机构一般包括负责全园科学研究、技术支撑、科普宣传、植物养护与专类园管理、游客服务等业务工作的职能部门。

2.1.1 领导机构

1. 中国植物园领导机构现状

第 1 章对中国植物园管理体系现状进行过概述，中国植物园虽然根据隶属关系可划分为科学院系统、城建系统和林业系统等丰富多样的植物园类型，但绝大多数为公办植物园，其领导机构主要由植物园建设与管理机构进行任命的园长（主任）及副职组成。但在多家机构联合共建的公立植物园或者民办的植物园当中，其领导机构的设置稍有不同，除了由园长（主任）和副职组成的领导班子之外，往往还会设置理事会、董事会等更高一层的管理咨询或指导机构，以便协调多个共建机构加强对植物园的业务指导与管理。

2. 辰山植物园的领导机构

作为上海市与中国科学院联合共建机构，辰山植物园执行的是由理事会和上海市绿化和市容管理局（上级主管局）领导下的园长负责制，其中设置理事会是辰山运营管理过程中比较有特色的地方，这里重点介绍一下。

2010 年，辰山建设完成之初，中国科学院和上海市人民政府双方共同派员组织成立了理事会，并组织召开了第一次理事会会议，会上审定了辰山（科研中心）领导班子人事安排及科研中心相关事宜，讨论了理事会工作章程，明确了当年度的工作重点。

（1）理事会的组成

设理事长、执行理事长和副理事长，成员由上海市发展与改革委员会、上海市城乡建设交通委员会、上海市科学技术委员会、上海市财政局、上海市绿化和市容管理局、上海市松江区人民政府、中国科学院生命科学与生物技术局、中国科学院上海分院、中国科学院上海生命科学研究院及植物生理生态研究所等相关单位（部门）各选一名负责同志组成。

（2）理事会职能职责

审定植物园发展战略，对植物园重大发展举措提出意见；审定植物园领导班子选聘和任命方案；宏观指导植物园科学研究、人才培养等；审定植物园年度工作计划，并对植物园年度工作绩效进行评估；审议与植物园发展相关的其他重大事项。

（3）理事会议事规则

每年召开工作会议。听取植物园工作报告，对植物园的战略定位和发展提出意见，遇有重大、紧急事项，可召开理事会特别会议。

（4）理事会对植物园的帮助

理事会作为辰山植物园运营与管理的领导小组，由上海市与中国科学院相关管理机构共同派员组成，为植物园在发展过程中争取各种政策、资源等多层面支持创造了有利条件。不仅帮助植物园组建了第一届领导班子，还为研究组长等各层次人才团队的建设给予了指导性意见和建议。

2.1.2　学术指导机构

1. 中国植物园学术指导机构现状

科研是植物园的主要功能之一，更是植物园区别于一般公园的重要标志，因此我国的植物园，尤其是科学院系统植物园，往往会像专职科研院所一样，设置专门的学术指导机构，即学术委员会来加强对植物园科研工作的引导与把关。此外，在科学院系统植物园和林业/教育系统植物园当中，有的还设有研究生学位点；在这些有研究生招生与培养资格的植物园当中，设有负责学位评定与授予工作的领导机构——学位评定委员会。学术委员会和学位委员会均可以算作植物园的学术指导机构。

2. 辰山植物园的学术指导机构

为了借助外界智力资源加强学术领导，促进辰山植物园的学科建设与可持续发展，辰山植物园于 2011 年正式成立了学术委员会作为学术评议与审核机构，为单位的科研发展规划、科学技术重大决策，以及年度工作进展等进行学术指导与评议。

（1）学术委员会的组成

由植物园相关研究领域内学术水平高的专家组成，采取聘任制度，设名誉主任、主任、副主任各 1 人，委员 13～15 人，主任秘书 1 人，其中本单位以外委员不少于 2/3。一般每届任期两年，可连聘连任，视工作需要及人员情况，每年做个别调整。

（2）学术委员会的职责

对辰山植物园学科发展方向、途径及科研岗位设置等提出建议；审议单位中长期发展规划；评估单位科研工作进展和课题组长，对学术活动及相关工作给予指导。

（3）学术委员会工作制度

每年至少举行一次全体会议，根据辰山植物园的科研实际需求，设定不同会议主题，主要评估单位科研工作进展和审议下一年度科研工作计划等。全体会议以外，可根据实际需要，以电话、电邮、信件等方式，向各位委员就有关事宜进行咨询和征求建议，结果报学术委员会主任。

（4）学术委员会对植物园的帮助

自 2011 年至 2019 年年底，已先后成立 4 届学术委员会，成功召开 9 次学术委员会年度工作会议，不仅协助辰山把科研方向进一步聚焦在生物多样性与保育、次生代谢与资源植物开发利用、园艺与生物技术三大领域，指导制定单位年度科研重点工作计划并协助推进，更为单位的近期和中长期发展规划给予了咨询和指导，为辰山短期内科研团队的建设、学科发展和有较大显著度的科研成果的取得，以及国内外学术影响力的提升提供了强有力的智力资源支持。

2.1.3 职能部门

1. 中国植物园职能部门设置情况

植物园的职能部门是在领导机构指导下，具体开展各类行政管理与业务工作的工作实体，因此植物园职能部门的设置与植物园的功能定位和具体业务密切相关。植物园的职能部门大概包括以下三类：

（1）行政事务管理部门，主要开展对植物园人财物相关领域的行政事务管理，并协助领导机构进行全园发展规划的制定等。包括办公室、财务部（科）、党群部（科）和科研发展部（科）等；

（2）主体业务实施部门，主要负责植物园科研、科普、园艺、游客服务和园区基础建设等相关业务的开展。植物园一般会设置科研中心、园艺部（科）/园艺中心、科普教育部（科）、服务管理部/经营策划部/市场部、基建部（科）等；

（3）科研支撑部门，除了行政管理和业务工作部门以外，在科研功能属性比较突出的植物园当中，为了保障科研工作的顺利开展，往往还会设置科研支撑部门或者科研平台，比如公共技术服务中心、标本馆、图书馆、野外台站等。

我国植物园数量众多，类型多样，每个植物园（树木园）的内部职能部门设置也各具特色，新建立的植物园在设置内部职能部门时，应尽可能保持植物园的主要功能由相应的机构负责管理，在其建设与发展过程中也应根据不同阶段的工作需求，不断优化和调整内设机构，以保证植物园运营与管理工作的顺利实施。

2. 辰山植物园的职能部门设置

在辰山植物园的建设期间，为了推进植物园的规划与建设，在2005年6月注册成立了上海辰山建设管理中心，与辰山筹建工作组实际上为一套班子、两块牌子，按照"科学、规范、高效"的原则，履行政府委托的项目建设和管理的有关职能，用好项目资金，做好项目管理，抓好项目实施。建设管理中心根据"精简、高效"的原则，共设置了工程管理部、苗木储备部、技术部和行政管理部4个职能部门，核定编制人员25~30名。4个职能部门的职责如下：工程管理部负责项目的申请与征地等手续报批、制定项目实施计划、组织工程施工、工程质量与进度的监督、协助做好动拆迁工作；苗木储备部负责景观苗木的考察、收集和采购，落实特种景观树种苗木的定点供苗基地；技术部负责项目规划设计、施工图更改与审核、科研对接、植物资源收集和引进种苗的培育；行政管理部负责综合协调、人事管理、财物管理、文书管理、后勤服务、制度建设和党群工作。

2010年起，辰山建设完成进入实质化的运营与管理阶段，上海辰山植物园作为事业法人单位也正式注册成立。至2018年底，辰山的内设职能部门已根据植物园不断发展的工作需要，进行了3次较大的内设职能部门调整，从最初的办公室、财务部、园艺部、信息部、市场部和物业部6大职能部门调整到目前的12个职能部门。辰山植物园的12个职能部门中，办公室、党群部、财务部、合作交流部为行政管理部门，负责全园的文电档案、后勤保障、人力资源、财务、资产、外事出访、合作交流等日常行政事务工作，其余8个部门为负责全园科研、园艺、科普宣传、市场推广和游客服务等业务开展的工作部门。

2.1.4 团队管理

1. 团队建设与管理要点

建立一支团结协作、积极奋进的高水平工作团队，是植物园的运营与高效发展的首要基础。如何加强团队建设并做好管理，著者根据多年植物园管理工作经验，总结出以下 4 点：

（1）做好人力资源规划，明晰岗位需求

根据植物园使命与目标需求，在做好单位内设机构和职能部门设置的同时，更要明确每个部门的岗位设置、人员配备数量，并设定清晰明确的用工条件，为建设一支团结、高效、合作的工作团队奠定基础。其中最关键之处是每个职能部门负责人人选的遴选与管理，因为他们既是管理者又是执行者，既是工作计划的制定者，又是实施计划的领头人。作为植物园具体业务工作开展的"头"，这个岗位具体职责的设定和担任人选的个人素质需要仔细斟酌与把关。

（2）健全人员管理制度，提高执行力

需要从人员招聘与考核、岗位聘任、绩效分配、员工培训等多角度建立健全人事管理制度，吸引条件匹配的人员前来工作，并进一步为职工创造公平公正、奖优罚劣、有较大晋升空间的工作环境，最大程度激发员工工作热情和对单位的认同感和归属感。在实际工作中，制度的制定和执行往往会出现脱节的情况。尤其是在新建立的植物园，各类规章制度相对不是很成熟，随着单位的发展，需要不断修订与完善。制度修订周期短的可能也就 1 年左右，这就会导致一些新修订的制度往往会因为不能被每一位员工及时熟悉和掌握，造成新的制度执行力下降的情况。因此，做好新制度的宣讲并及时推进执行，也是人员管理过程当中非常重要的一项工作。

（3）注重单位文化建设，打造团队精神

植物园是一个内设组织相对复杂且劳动力密集的机构，每个工作岗位都具有一定的专业性。要想让每一位员工实现最高效的自身价值，就需要单位建立明确的工作目标，制定工作规划，同时通过组织讨论与学习，让每一个部门、每一位成员都知道本部门或个人应该承担的责任和努力的方向，形成团队合力。此外，在日常工作中，应加强部门之间和员工之间的信息交流与反馈，促进员工之间的合作，以使人尽其才，才尽其用，更要调动员工的竞争意识，使团队保持生机与活力。

（4）用好考核激励机制，激发员工进步

绩效考核是一种激励与检验，它不仅检验每个部门和员工的工作成果，也通过绩效考核宣示一个单位的价值取向，即倡导什么和反对什么。这是一个很好的引导员工不断调整自身工作状态，促进个人不断进步的有效措施。

2. 辰山植物园的团队管理

辰山植物园自筹建开始就一直坚持党管人才的原则，始终把"人才是科学发展第一生产力"的理念放在首位，通过广开进贤之路、广纳天下英才的人才发展思路，客观分析人才在引进、培养、使用、管理、服务等关键环节中存在的问题，找寻适合各类人才成长和发展的新方法、新机制、新途径，逐步提高了全园人才工作的科学性和有效性。

（1）团队建设与管理理念

围绕学科定位和园区建设需求，广揽各类优秀人才，优化队伍结构，不断提高人才集聚能力，创建以领军科学家带头的各类人才配套的创新人才系统。

（2）人力资源规划

辰山共设置了管理、专业技术和工勤三类工作岗位，其中管理岗位（含园领导）占比控制在15%以内。在植物园主体业务即科研、园艺、科普宣传与游客服务等方面的工作人员占比分别控制在50%、30%和5%左右。

（3）创新管理举措

一是构建人才工作长效机制，围绕科技人才和技能人才管理、聘用和待遇机制的特点，制定完善了《三类岗位聘任办法》《职工绩效考核办法》《青年研究组长评聘管理实施办法》等制度；强化绩效考核奖励力度，按照不同的人才岗位特点实行分类考核；不断探索考核指标的量化模式，并结合业绩及考核分级进行激励，加大对优秀及良好等次人员的奖励力度，鼓励后进。

二是建立灵活的用人机制，实行特需人才特事特办，通过国际聘请、特殊引进、项目聘用、技术咨询等合作模式，畅通引才聚才的"绿色通道"，通过构建多元化的引智体系来增强对高层次人才的吸引力。近年来，辰山分别与美国莫顿树木园共同开展城市树木方面的研究培训；与英国JIC和美国UCDavis合作组建两个药用植物研发的课题组；与德国马普研究所合作共同推进代谢平台建设；与加拿大蒙特尔尔大学加强生态修复方面合作；与意大利帕多瓦植物园签约相互开展人员交流培训；同时也积极与植生所、逆境中心、药物所和营养所等机构合作探索搭建上海科创中心的融合平台。

三是拓展育人渠道，积极搭建成长平台，深入开展"导师带教、高师带徒"工作，发挥传帮带作用，帮助年轻人快速成长，通过"引进来、走出去"等形式，组织园艺、科研、科普等方面职工积极参加各类培训和学术交流活动，并选派优秀青年业务骨干赴国内外知名植物园开展专业学习，多方面拓展育人渠道，帮助职工搭建成长平台。

四是打造辰山文化，营造愉悦的工作氛围，积极发挥党组织和工团作用，开展"领跑辰山"主题实践活动，及形式、内容多样的文体活动，如青年软课题研究、科学摄影大赛、趣味运动会、瑜伽班、篮球赛、足球赛等文体活动，为职工相知相融搭建平台，引导形成以园为家、主动作为、奋勇争先、创新创优的良好风气。

2.2 发展规划与计划

植物园发展规划可根据实施周期的长短，分为业务计划、近中期规划和中长期规划等类型。它是贯穿于植物园建设与运营管理过程当中的一项重要工作，需要根据植物园的发展阶段和内外部环境的变化及时做出调整，以制定合理的战略目标，保障植物园能够顺应社会发展而实现自身的可持续发展。因此，用科学合理的发展规划来明确植物园一定时期的发展目标，并以这个发展目标为指引，进行植物园年度和短期内重点工作的部署。

2.2.1 植物园发展规划与计划制定原则

1. 植物园中长期发展规划的制定

植物园中长期发展规划一般是进行 10～20 年的工作规划，常常出现在新建一个植物园或者老园子进行更新改建的过程中。一定程度上，这种中长期规划类似于植物园的设计规划，除了要注意在第 1 章植物园的规划设计中提到的规划设计原则与要点外，更要梳理出植物园的中长期发展愿景、具体工作任务和大概实施计划，要尽量做到目标任务可量化、可实施、可考核。

一份中长期发展规划大致包括以下几方面内容：

（1）规划背景

通过分析国内外植物园发展现状及趋势、植物园发展面临的机遇与挑战等背景资料，为植物园的未来发展定位确定方向。

（2）战略目标及定位

植物园战略目标的确定是植物园根本宗旨的展开和具体化，也是对植物园使命和愿景进一步所要达到水平的具体规定。它在规划背景情况分析的基础上，结合国家战略和社会公众需求等，以植物园发展现状为基础，以解决问题为导向，以量化指标为标准，分阶段制定，并根据植物园发展和社会需求的变化不断进行修订和完善，从而形成滚动的战略目标规划方案。战略目标的设定切忌过于远大，要可实施、可考核。

（3）规划重点内容

规划重点内容要与植物园的功能定位密切结合，一般包括科研、科普、园艺和品牌建设等几个方面。其中科研方面需要明确主要研究领域、重点培育方向、科研发展指标、团队发展规模和配套支撑平台和制度保障等内容；科普要在追踪社会热点、分析社会需求的基础上，从科普设施的完善、主题科普活动的挖掘、科普教育宣传及科普人才培养等条线上寻找工作目标和创新点；园艺方面要从植物收集、养护管理与展示，专类园优化、主题花展品牌建设等方面设定目标和指标；品牌是植物园发展过程中的重要目标和无形资产，品牌形象好的植物园才能得到社会各界的广泛支持和游客认同，品牌建设需融入植物园的每一项日常工作当中，比如有影响力的科研人员及其有代表性的科研成果、形成一定美誉度的特色花展、深受广大市民喜爱的主题文化活动、被学生热爱和追捧的科普活动等，都可以帮助植物园打造属于自己的品牌。

（4）保障措施

好的规划不能只在墙上挂挂，它需要全园职工的认可与参与，并帮助凝聚全园之力，引导植物园的可持续发展。为加强规划制定的科学性和执行的有效性，需要有以下几项保障措施：

一是执行力保障。规划制定之初，就要成立工作小组，明确由园领导具体负责规划的组织、制定和协调，保障规划工作的稳步实施。

二是人才智力保障。这是保障植物园各方面工作能够顺利开展的基础，因此要在确定植物园不同发展阶段的人才需求的基础上，制定科学的人才发展观。例如，对于科研型植物园，需要创建由领军科学家带头的创新人才系统和配套的人才引进与管理制度，形成一套具有系统性、指导性和竞争力的团队建设方案。

三是资金管理保障。作为公益性机构，目前我国植物园的运营与发展所需资金绝大部分来自政府的支持和投入，国家经济状况的好坏已成为影响或者制约植物园发展的关键。因此，自主经营创收可谓是维持植物园自身可持续发展的长远之计，在制定植物园中长期发展规划时，需要考虑到资金风险，制定资金争取和自主创收的工作计划。比如，除了继续争取政府资金支持和争取各类建设和科研资金外，也要规划植物园人才培训、承办文化拓展活动、进行植物衍生品开发、加强科研成果转化等各类创收活动，提升植物园的自我生存能力。

四是制度机制保障。为了确保植物园多元功能的发挥，需要根据社会大背景的变化，随时探索和调整与植物园发展相适应的管理机制，并形成规范的制度去执行。例如，在植物园绿化养护作业方面，就可以引入市场化管理机制，引导企业和社会组织等参与植物园的管理，充分发挥市场在资源配置中的作用，提高植物养护水平，并建立开放、流动、竞争协调的园容园貌管理机制。

2. 近中期工作规划的制定

近中期规划一般只进行5年左右的工作规划，在我国往往与国家的五年发展规划起止节点相一致，比如中科院植物园和相关院所的"一三五"规划。近中期规划在编制时需以单位的中长期规划为蓝本，内容要简明扼要地阐述未来5年内植物园所要开展的各项工作和期望达到的目标。其大致内容与中长期规划基本类似，只是编制的侧重点稍有不同：

（1）规划背景：重点介绍本植物园的使命与定位、发展现状，以及目前发展所面临的机遇与挑战。

（2）工作目标：需以本植物园中长期规划的远景目标为指引，结合本植物园的五年工作计划，凝练植物园未来5年重点工作目标和指标。

（3）主要任务及具体工作：可根据植物园主体业务工作开展情况，分类阐述每一块面工作的年度工作计划，以及发展目标与指标。

（4）保障措施：与中长期规划基本相同，但需要把每一项保障措施更加细化，做到可执行。

近中期规划是对单位中长期发展规划的阶段性目标和工作任务的分解，在规划制定过程中，需要全园职工的参与。这是一个很好地阐述植物园发展愿景、激发全园职工智慧、打造团队精神和单位发展文化的过程，通过全园齐动员，可以集思广益，使每一位职工都能够清楚明白植物园要达到什么样的目标；并确保制定的规划从理念到制度，从技术到方法上都能够与植物园的使命和愿景描述相契合，使其真正成为引导植物园可持续发展的向导。

3. 年度工作计划的制定

年度工作计划就是每一位员工的行动计划，要能够使每一位员工清楚知道自己的职责所在以及需要完成的年度工作目标，并能够评价取得的成绩，确保经费合理分配和使用。一份切实可执行的年度工作计划大致包括以下几个内容：

（1）年度重点工作：根据近中期规划目标需求，凝练每年度重点工作，并对其大概涵盖的工作内容和实施方案进行描述。

（2）具体工作项目：此部分是对年度工作的任务分解，可以通过每一项重点工作在不同层面涉及的部门和个人的形式，将其进行任务划分，或者通过时间线的形式，将其分解到每个阶段应该完成的工作项目。该工作与预算执行密切相关。

（3）工作方案：明确每个具体工作项目的季度工作计划、目标和具体指标，并责任到部门或个人，做到可考核，可执行。

2.2.2 辰山植物园发展规划案例

1. 中长期发展规划（创新辰山 2011~2030 规划）

（1）规划背景

生物多样性保护已成为全球共同关注的热点。21 世纪人类面临的重大挑战之一是解决对生物资源的极大需求与经济社会可持续发展之间的矛盾。解决这一矛盾的主要途径是在保护野生资源的前提下，充分挖掘资源的潜力，利用现代生物技术，开发新资源、培育新品种。

植物园不仅是全球生物多样性保护与开发利用的理想场所，更是研究生物对全球气候变化的响应与应对机制以及构建可持续发展的低碳社会的主要研究机构之一，其功能和作用比以往任何时期更受关注。目前，世界发达国家的综合型植物园已经建立了许多专业性很强、研究深度与广度很大、经费设备相当充足与完善的研究所与实验园地，科研项目的来源和要求也多种多样，有农、林、园艺、医药、工业原料、环境保护等方面，凡是以植物为研究对象的均可在植物园内进行。

辰山作为增强城市综合竞争力的一项科学和文化基础工程，其发展战略定位坚持全球植物园的发展主线，以"保护"与"可持续利用"我国丰富植物资源方面的科学研究为中心，兼顾科普教育和旅游开发等功能，走一条综合型植物园的发展道路，在物种保护、科技创新、园景建设、科普教育和人才培养工作中开拓进取，以实现植物持续保育、利用共享和创新发展。

（2）现状与问题

需要全面总结植物园在科研、园艺、科普、游客服务等各项业务工作开展方面的经验与教训，深入剖析植物园发展面临的问题与不足。例如，院地合作优势如何进一步发挥？学科布局如何形成合力，突出特色？人才团队构建与管理如何更加灵活且能奖优罚劣、能上能下，有进有出？科普活动如何能深入人心，成为辰山品牌？园区景观和游客满意度如何进一步提升？等等。

（3）使命与定位

按照党的十九大提出的生态文明建设方向，全力打造"美丽辰山"，明确提出辰山的使命和定位是以"国内领先，国际一流"为目标，以"精研植物·爱传大众"为使命，立足华东，面向东亚，作为城市生态建设技术支持者，更多地参与国际事务，面向国家战略和地方需求，服务"一带一路"沿线国家，服务上海科创中心建设，进行区域战略植物资源的收集、保护及可持续利用研究，志在成为全球知名植物研究中心和科普教育基地，及全国园艺人才培养高地。

（4）总体目标

在2030年前后，建成在国际上具有鲜明特色的科学植物园，达到国际一流水平。

——生物多样性保护：在国际上具鲜明特色，达到国际一流水准；

——可持续发展能力：年均游客量不少于200万人次；

——研究水平：成为华东区系植物收集、保育、评价与应用的国际知名植物研究中心；

——植物学高端专业人才的培养基地；

——世界知名、独具特色与魅力的高水平园艺展示基地；

——参与性、科学性和趣味性兼备的国家级科普教育基地；

——AAAAA标准设计配置的旅游景观及服务系统。

（5）具体任务

一是活植物收集与管理。立足于华东植物区系，优先收集华东珍稀濒危植物、野生资源植物以及本地区适生的国内外野生植物种类和观赏性强的园艺品种，至2030

年保存活植物 20000 个分类群，建立华东野生植物种子库（3000 种左右）以及濒危或重要资源植物 DNA 库（4000 种左右）。

二是科学研究。通过完善学科建设、共建研究单元、加强合作与交流等措施，构建国内领先的华东重要资源植物保育与可持续利用研究中心和高层次植物性研究人才培养基地，至 2030 年至少有 3 个学科达到国内领先水平，年发表高水平论文不低于 100 篇，出版专著 3~5 部，并拥有自主知识产权、植物新品种和省部级及以上科学技术奖项。

三是科普教育。借鉴国内外一流植物园科普教育经验，以儿童和青少年为主要对象，根据辰山的特色和优势，从注重游客的参与性、活动内容的科学性和趣味性方面开展主题活动，至 2030 年发展成为国家级科普教育基地，拥有一流的科普团队、科普设施和科普服务，每年至少开展 6 次专题展览、主题讲座、出版 10 部科普专著，形成具有辰山特色的国内知名科普品牌。

四是园艺景观。通过不断优化和提升园区内主要植物景观，凸显丰富的植物类群魅力，打造以山水骨架为基调的江南山水景观。至 2030 年建成 6~8 个具国际影响力的专类植物园。

五是人才队伍建设。围绕学科定位和园区建设需求，广揽各类优秀人才，优化队伍结构，不断提高人才集聚能力，创建以领军科学家带头的各类人才配套的创新人才系统。至 2030 年，植物园在编人员达 200 人，其中国际知名学者 3~5 名，研究岗位、支撑岗位、管理岗位人数比保持在 6∶3∶1 左右。

六是植物保育与可持续发展。构建群落结构稳定、生态功能完善、可自我维持的自然生态系统；构建科研功能强大、园区可持续运营发展的机构，并能为促进我国社会经济的可持续发展提供丰富的植物资源和可靠的科技支撑。

七是国际合作。在科研、植物交换、科普、园容园艺、园区运营管理等多方面加强国际合作，借他山之石，助辰山快速成长发展，至 2030 年与 10 家以上国际知名植物园和科研机构建立密切合作关系，在植物交换、科研项目、人才交流与培养等方面加强合作。

（6）保障措施

一是组织保障。强化理事会的执行功能。

二是机制保障。加快完善国际规范的科学植物园管理模式，在"植物园与科研中心"战略部署方针指导下形成符合中国国情的植物园发展格局，并根据辰山特色，设置人才发展基金支持下的管理激励机制。

三是财政保障。建立与社会增长相适应的财政增长机制。目前主要有两种融资途径，一是政府的财政拨款，另一个是门票收入。随着新景观、新亮点的不断开发，争取年游客量在 200 万人次以上，年总运营经费维持在 1.5 亿元以上，其中自营收入在

6000 万元以上。

四是人才保障。有进有出的人才管理机制，建立适应新时期人力资源社会化灵活多样的用人机制。在重视基础研究型人才的同时，注重在物种保育、产品开发、技术转移、市场推广以及融资和风险投资等多方面的优秀人才配备，形成完整的人才链。

2. 五年创新发展规划（"十三五"发展规划）（2016～2020 年）

辰山五年创新发展规划是"创新 2030"规划阶段性工作计划的一部分，因此在规划编制背景、分析植物园发展现状与面临的问题与机遇时，它与中长期规划基本相同。但在战略目标和具体任务等方面，"五年规划"对辰山具体工作做了进一步的归类和梳理，凝练成以下四大战略目标，并规划了相应的工作任务。

（1）战略目标

以"创新 2030"远景目标为指引，以发展现状为基础，以解决问题为导向。到2020 年，辰山近中期战略发展目标是科研、科普、园艺、品牌等方面得到迅速发展和提升，初步形成跨入国际一流植物园行列的框架和基础，具体如下：

①科研：推进国际化科研平台建设，基本实现代谢、保育和园艺三大研究中心齐头并进的态势；植物保有量稳居全国三强，植物保育与可持续利用研究达到国内领先水平；科研成果质量和产量进一步提升，推进科研成果转化；深化与顶级学术机构的合作交流。

②科普：树立辰山科普活动招牌，成为国内外著名的科普教育基地。

③园艺：矿坑花园、月季园、岩石和药用植物园、水生植物园、展览温室等 3～5个特色专类园达到世界水平。

④特色活动及品牌：做强"上海国际兰展""上海国际月季展"和"辰山草地广播音乐节"，创造 3～4 个辰山活动品牌，打造优质服务体系，形成"辰山品牌"。

（2）主要任务及具体工作

①科研要提升科研平台能级，加强上海市资源植物功能基因组学重点实验室、华东野生濒危资源植物保育中心和城市园艺研发与技术推广中心的建设，并以科研平台凝聚科研力量，形成辰山科研特色；植物保育与可持续利用研究达到国内领先水平；科研成果质量和产量进一步提升，推进科研成果转化；深化与顶级学术机构的合作；加强遗传转化平台和信息平台等公共实验平台的建设，为科研工作提供更好的支撑服务保障。

②科普将针对不同人群制定不同的科普方案。面向成年游客及家庭，充分借助现代技术手段，让植物会"说话"，从而让游客在领略优美自然景观的同时，更能认识到植物世界的奥妙；面向在校学生，针对年龄段的不同，寓教于乐，鼓励儿童及青少年积极探索自然，提高他们对植物与环境科学的兴趣。围绕辰山植物的特色和优势，

进一步提升"辰山奇妙夜"科普夏令营的活动品质，策划并实施更多互动体验性强、科学性和趣味性兼备的科普活动，逐渐积淀形成2~3项有影响力的科普活动品牌。在科普设施方面，将增建生态博物馆、蔬果种植体验设施、科普宣传长廊，扩建儿童植物园等。进一步拓宽各种宣传渠道，充分利用辰山官方网站、微博、微信以及各类外部媒体，宣传辰山理念，传播植物科学知识。

③园艺将重点提升5个专类园景观，使矿坑花园、月季园、药用植物园、观赏草园、展览温室等特色专类园成为园艺景观最优美、植物种类最丰富、科学档案最完整、能彰显辰山特色的国际一流专类园。

④活植物收集与管理，制定明确的活植物收集策略，建立完善的活植物数据库管理系统、植物铭牌系统和植物养护标准，对全园收集引种的植物进行精细化养护。

⑤基建配合园艺景观、科普教育、活动布展等施工要求，完善土壤改良、停车场、科研中心、供排水系统等5项基础设施建设。在"十三五"规划发展的基础上，继续优化园区景观规划布局，整合景观要素相近的专类园，结合引种策略和游客需求，以园区的南入口为起点，北至矿坑花园，东至展览温室和华东植物园，再到东南侧的水生植物园为核心线路，结合西侧儿童园的设施完善和景观提升，形成核心景观的游览线路。

⑥特色活动及品牌进一步加强活动策划和运营力量，组建辰山社会智囊团队，广泛吸收、联合或借助各种社会创意策划力量为辰山品牌活动所用。着力打造上海国际兰展、上海月季展、辰山草地广播音乐节等品牌，加强运营管理，兼顾经济效益和社会效益，形成辰山特色文化活动品牌。树立为游客服务、提高游客满意度和舒适度的市场服务目标，创建成为国家AAAAA级旅游景区，从而进一步提升服务标准，社会文明指数测评争取达到全市公园前五名。

⑦人才工作，要引进科研、园艺、管理和营销四大方面的高端人才，完善人才引进相关配套政策，打造业务素质突出，从分类、演化、栽培再到科普一条龙的专业队伍，并尊重人才成长规律，提倡开放宽松的用人理念，加强人才培训，做好人才储备。

2.3 重点业务工作

2.3.1 活植物管理

植物是植物园的立园之本，植物园的核心工作就是对植物进行收集、保育、展示、运用，并进行科学研究，因此加强对植物的管理是所有植物园都必须要开展的一项最基本工作。

1. 植物管理信息系统

现代植物园肩负着植物引种收集、迁地保育、驯化、评价和利用的重任，活植物收集是植物园工作的核心，而"有详实信息记录"则是这个核心的灵魂，植物园必须做好全园植物的登记管理工作，而且记录与观测资料积累时间越长，其科学研究价值越高（任海 & 段子渊，2017）。

（1）植物园植物管理信息系统现状

植物园植物信息记录方式随着植物园的发展与变迁，先后经历了记录本、卡片记录系统、电子文档及数据表格、电子信息管理系统、移动互联与智能化等模式，但对一个植物园进行植物的内部管理来说，目前最通行的做法还是建立自己的植物电子信息管理系统。尽管国内外植物园都在植物管理信息系统方面做了很多探索与努力，但由于各植物园的发展方向、发展重点与发展条件各异，对植物信息记录的要求和技术方案也各有不同，这就造成了目前采用的管理信息系统标准不统一，数据异构化严重，可共享率很低。为了促进国内植物园数据档案的科学管理，提升中国植物园信息化管理水平，利用新技术搭建规范、通用的植物园数据信息管理平台，2013年中国植物园联盟成立后，就组织中科院华南植物园和西双版纳植物园联合开发了"中国植物园活植物管理系统"（Plant Information Management System，简称PIMS），主要集管物（植物）、管事（业务）、管人（工作量）于一体。该系统已在中国植物园联盟的30余个植物园中测试使用。

（2）辰山植物园植物管理系统建设

辰山植物园自引种工作开始以来，就一直重视植物记录工作。早期的引种苗圃时期，园艺人员的日常主要工作就是信息记录，因此积累了非常详细的数据。开园后，园艺团队仍然保留着每年年末进行植物清查的习惯。2012年辰山设置了专职的植物信息管理员，专门对辰山的植物名称做了系统的修订，2014年出版了《上海辰山植物园栽培植物名录》。

2015年辰山活植物信息管理系统开始设计与开发，2017年上线开始内部测试使用，2018年正式对园艺部人员开放使用，2019年数据库内数据每天都有大量的物候记录、位置变更、栽培养护事件等的记录数据更新，使用率大幅度提高。目前数据库可以实现引种信息上传、登记号、个体号、批次号自动生成，可以立即下载登记号表。植物个体牌、展示铭牌、栽培位置变更都可以通过模板导入数据库完成更新及下载功能。新增加的病虫害数据库模块可以连接植物与病虫害数据，可以实现病虫害预报、防治措施治理等的直接反馈。新增加的气象数据模块，通过与松江气象局设置在辰山的气象站对接，实现数据的及时收录，为后期研究植物生长与气候关系提供数据来源。新增的种质资源库模块可以有效地管理园区种质资源，提供方便与其他单位进行物种交换的植物清单。

在管理系统设计开发的同时，园丁笔记 App 也得到了同步的开发测试和使用，目前已经实现物候记录、位置变更、物种查询、专类园及地块苗单查询等功能，使各项工作可以在园区当场完成，通过上传这些数据，又可以实现数据库同步更新。

通过这几年的开发设计并升级，活植物管理系统极大地提高了园艺部人员的工作效率。很多工作实现了无纸化，并且这些工作会自动生成工作报表，便于数据统计与研究。活植物统计报告把数据库内的数据做了基本分析，可以查看部门历年引种情况、专类园历年引种栽种情况、个人历年引种栽培情况、引种植物来源统计分析、专类园物种统计分析、个人引种量等数据。

2. 植物标牌制作与管理

植物标牌是植物园保存活植物记录并向公众传播信息的主要方式，根据其用途的不同，大致可分为展示牌和个体牌（登记号牌）。展示牌简要介绍植物名称和类别，既是植物园展现科学内涵的显著特征，具备科学、简洁和统一的特点，又是对游客进行科学普及、展示形象的重要窗口。个体牌是植物园进行精细化信息管理的必由之路，也为园丁的园区管理提供方便。

展示牌内容主要包括植物中文名、拉丁文名、登记号和科名等信息，根据专类园管理者的需要，也可增添其他信息，如产地、濒危等级、植物特征、应用价值等。部分重要植物的展示牌还可附二维码，供扫描查看植物的详细特征描述和应用等信息。个体牌相比于展示牌，其主要用途是便于园内对此株植物的养护管理和使用，不仅要用于已在园内定植的植物，也要用于保育区内的所有尚未对外展示的植物。个体牌记录每一株植物的引种登记号、个体号、中文名、拉丁文名、科名，以及包含引种人、引种时间和种源信息等在内的个体信息二维码等。

标牌的制作一般由植物信息记录组进行设计和印制，各植物专类园区负责安装和悬挂，并必须要保证每个大型乔灌木个体或者成组的草本植物至少有一个标牌，对于丢失或者破损的标牌需要及时更换。

园区内所有植物展示牌正面需朝向道路和游览方向；没有道路参考的区域里，展示牌正面需朝向正南方。乔木挂牌高度一般为 1.5m 左右，个别小乔木和大型灌木主干不足 1.5m，则可灵活处理，挂于主干即可。个体牌是植物园内部管理所用的附着于每株植物个体的金属牌。养护人员将个体牌钉入乔木树干，高度为 1.3m，挂在背离主路的一面，即展示黑标牌的背面，游客看不到的位置；或用扎丝悬挂于灌木主茎基部，标牌躺在地上即可。

3. 植物定位和物候记录

活植物在植物园内的分布情况定位是植物管理系统和数字化植物园建设所需要的最原始和最基础的第一手资料，它不仅为植物园加强相关植物的管理提供了便利，更能极大程度上确保植物材料在现在和未来的科学价值和应用价值。这是反映一个植物园是否实施科学规范化管理的一个重要指标，其重要性不言而喻。

植物定位把植物个体以点位的形式定位在园区地图上。植物定位可以直观地显示植物个体的位置，方便找到植物个体，统计种植区域和密度，对于园区的精细化管理是至关重要的。植物定位通常要在植物具备个体牌之后进行，使用的工具有纸质地图、BG-Map、AutoCAD、ArcGIS 等。

植物定位的方法大致分为四种：第一种比较初级的植物定位是将园区划分为不同地块，逐一命名。植物个体所在位置就是其所在地块的名称。这种方法简单易行，划分的地块面积越小，定位就越精确。实际操作中，地块过大是没有实际意义的，因此，此种方法最适合用于温室隔间、种植槽、花坛等集中种植、边界明确的小面积区域。第二种是 GPS 定位，精确程度由选用 GPS 设备的精确度决定。GPS 定位比较适用于树木园或植物园中比较开阔的场地，在郁闭的林冠下和温室中都是不适用的；另外，GPS 的精度还受天气状况的影响，更适合天气晴朗的情况下使用。第三种是使用全站仪定位，该方法精度最高，场所和气候的限制小，但工作时至少需要两人配合，投入人力多，测量速度也相对慢。第四种是根据园区的建筑、道路、河流、种植槽等地标和植物个体的相对位置来定位植物。该方法对园区地图的精度要求非常高，最好是航拍无变形的高清照片，地图所包含的地标越多越精细，对于定位越有利。长木花园使用方法一和方法二结合的方式，密苏里植物园使用方法四，芝加哥植物园使用方法三，莫顿树木园使用方法二。

开展植物的物候监测是植物园进行植物迁地保育的一项重要工作，其主要目的有二：一是加强对植物自身状况的监测，为此种的繁殖养护等提供基础资料数据；二是通过长期监测数据的收集，为全球气候变化对植物的生长影响提供研究数据。由于物候记录是一个长期且很耗费人力的工作，没必要对园内的每一株植物进行记录，可以挑选珍稀濒危或者具有特殊研究价值的代表性植物记录其叶芽萌动期、展叶期、开花期、幼果期、果熟期、叶变色期、落叶期等信息。

辰山植物园为了方便植物养护人员在工作现场随时记录植物个体的生长状况、物候观测、养护事件，并对植物进行定位，组织开发了针对移动设备使用的 App——园丁笔记（Gardener Note）。植物养护人员可以使用该 App 将园内植物个体进行定位，按照记录—定位信息—手机定位的方法，获得该植物的 GPS 点位数据，并反映在百度地图上。另外，此 App 更强大的功能是实现每个植物个体的表观特征、物候状态、生长状况、养护事件等信息的即时记录，信息格式支持文本、音频、图片、视频等。此 App 支持离线使用，在联网环境下可同步数据到活植物管理信息系统中。

在物候记录观测植物的选择上，辰山植物园按照表 2-1 中的标准选择了 110 种进行物候观测记录，其中原种 101 种，品种 10 种，43 科 80 属；草本 8 种、灌木 46 种、乔木 50 种、藤本 6 种；分布在 16 个专类园中。

辰山植物园物候监测植物遴选标准　　　　　　　　　　　　　　表 2-1

植物类群选择原则	代表辰山的引种和展示重点，如华东区系原生种、观赏性强的国外品种、春花类（樱花、木兰、海棠等）、药用植物、木樨科等，同时也覆盖乔灌草、常绿和落叶、春花和夏花等植物类型
植物个体选择原则	具有清晰完整的引种记录，健康，长势良好，并在室外园区永久展示的地栽植物。最好是位于方便观察和拍摄，且不易被干扰的地点，如靠近路边、湖边

观测记录方法为以拍照形式每周记录物候一次。照片至少两张，一张反映植物整体，一张反映物候期特征的局部近照，拍摄固定部位，如某一向阳枝条。观测植物的个体，并非物种的群体，这是因为植物园为了展示植物多样性，往往同一物种的个体数量不多，且分散种植，不容易找到某一小地块内集中种植某物种的情况。

通过把 110 种植物作为样本，辰山植物园试点了新的物候记录观测方法，突破了传统物候记录的形式：使用互联网平台、平板电脑手机客户端、二维码个体号牌等先进技术手段，降低了物候记录难度，增加了物候记录的客观性、趣味性和可持续性，形成了物候观测体系的闭环。另外，经过几年的观测，已初步形成辰山物候日历。物候日历显示，各种不同植物在辰山可全年接替持续开花，几乎任何时段都可见到有植物在开花；而叶的季相分明，2 月初至 4 月上旬为展叶期，4 月中旬至 7 月末为成熟期，8 月初至 9 月末为叶枯焦期，10 月初至 12 月中旬为变色落叶期。物候日历也反映了界限稳定温度与辰山植物物候的关联，比如郁香忍冬初花时，对应的是温度稳定在 5℃。采用标准差比值法，可以进行物候发生期的预报，比如肉花卫矛变色与银杏变色的关联度非常高，几乎可以用前者的日期准确地预测后者的日期。对辰山中的植物个体在性别、花期、常绿落叶等特征方面，也可以进行精确而具体的描述，其中一些植物的特征和物候可以修正或补充《中国植物志》中的相关描述，一些外国引种苗木的植物特征和物候描述则是在国内首次报道。

4. 植物病虫害防控

植物园的植物种类丰富、引种频繁、来源广泛，因此存在病虫害种类多、发生情况错综复杂、新病虫害出现的概率较高、防治要求高难度大等问题。此外，在病虫害防治过程中，因植物园内的植物经过驯化或人工培育，按照规划设计种植在一定区域内，构成了一个经过一定设计和配置的相对稳定的生态环境，对这个生态环境内病虫害的综合控制必须坚持安全、有效、经济和简易的原则，最大限度地减少因病虫害防治而带来的副作用。

植物园植物引种驯化过程中比较突出的病虫害问题主要有以下三点（房丽君 & 贾明贵，1996）：

一是由于植物检疫不严，导致病虫越过地理障碍传播蔓延开来，而且植物的迁地保护往往会使病虫害摆脱原生境当中的某些自然控制，极容易引起外来病虫害的爆发性发生。

二是栽植过程中由于改变了植物原生境，往往不利于植物的生长，造成其生长势变弱，抗病虫能力大大降低，极易受到侵染，若栽培管理不当，更会加速病虫的侵染进程。

三是过分依赖化学防治，不仅污染环境，还容易杀伤有益生物或者病虫害的天敌，带来次要虫害的大发生。

针对植物园的病虫害防治问题，原中国植物学会植物园分会理事长张佐双先生提出的植物园防治病虫害的指导思想很有参考价值，他指出："根据病虫害的动态与周围环境条件的关系，有机地协调和应用多种防治措施，取长补短，互相促进，安全、经济、有效地把病虫害控制在不能造成危害的程度"。具体做法一是调节治理植物周围的环境条件，使其不利于某种病虫害的发生；二是充分保护和利用天敌，如瓢虫和食蚜蝇等；三是在园林绿化建设全过程中都要贯穿一个"防"字，加大"防"的力度，可从"堵源头""切断传播途径""灭滋生环境""创造不利于病虫害寄生和繁衍而有利于天敌生存和发展的条件"等措施入手（张佐双 & 熊德平，2002）。

辰山重视病虫害的防控工作，制定了《辰山植物园有害生物综合管理模式》，组建植保专业队伍，组成人员包括公园植保负责人、片区专业技术人员、养护作业单位负责人及植保员，共25人；开展技术培训，内容包括监测方法、常见有害生物识别、药剂及器械使用、科学用药及安全用药、野外调查示范交流等；建立网络工作交流平台，提高信息传输的时效性；组织编写《辰山植保简报》（每年 5~8 期）和撰写《辰山植物园植物重点病虫害识别和防控》技术手册，对常见的 45 种病虫害（包括虫害 16 类 38 种，病害 3 类 7 种）进行了形态特征、生物学特性及防治方法描述；梳理完成《辰山植物园绿化有害生物各月发生情况汇总》；完成《辰山植物园昆虫名录》（含蛛形纲、腹足纲、多足纲），收录辰山常见有害生物及天敌 250 种；建立中喙丽金龟、草坪淡剑夜蛾、柑橘全爪螨、温室烟粉虱综合防控示范区。通过开展以上工作，辰山植保逐步形成以下 4 个亮点：

一是化学农药减量使用。农药减量是衡量有害生物综合治理水平的重要指标之一，通过实施科学测报，协调应用物理诱捕、人工灭除、生物防治等多项技术措施，逐年压低害虫种群，补充释放天敌种群，平衡天敌—害虫的益害比，达到害虫的可持续控制和生态环境的良性发展。

二是防治指标逐渐宽泛。在有效控制病虫害暴发危害的基础上，进一步优化防治指标，实施分区域多标准分级管理，对景观要求较宽松的区域放宽防治指标，选择部分区域作为涵养区，不采取化学防治措施。通过这些方法的实施，减少了农药用量，虽然害虫种类会上升，但总量不出现暴发危害的模式。同时，天敌的种类和数量也逐渐丰富和提升，对稳定生态具有重要意义。

三是防治技术的多维考虑。注重数据的统计和分析，在关注植物—害虫的同时，关注天敌种群的发展和变化，采取必要措施保护、利用和引进天敌种群，实现植物—害虫—天敌的多维度平衡和稳定。

四是新型植保工作模式探索。针对完全市场化的养护模式，积极参与和介入养护公司的有害生物防控工作，形成"技术研究—技术筛选—人员管理—技术应用—材料准入"全过程的链条管理，不断提升全园相关人员的专业水平，有效防止有害生物暴发，最大程度降低环境污染，逐步实现生态的平衡和可持续。

2.3.2　科研管理

科学研究是植物园区别于公园或其他公共绿地的重要标志之一，它对植物园可持续发展的重要性也不言而喻。本节重点从如何通过管理来加强植物园的科学研究、做好科研支撑服务的角度谈一下植物园的科研工作。

1. 科研团队管理

我国植物园和树木园已建立了较大规模的员工队伍，总人数已达 11227 人，其中研究队伍 2876 人，占植物园总人数的 25.6%（黄宏文，2018）。在科学院系统植物园里，科研人员占比经常在 50% 左右或更高，因此科研团队的建设与管理往往是植物园团队管理过程的一个极其重要的组成部分。

植物园的科研团队建设需与规划中的植物园学科布局和研究方向相吻合。植物园的学科布局，往往在植物园建设过程中就有初步规划，为植物园进行科研团队和实验室等科研支撑设施建设提供参考，指明方向。但随着植物园的运营与不断发展，以及科学技术手段的进步和社会大环境的需求变化等，植物园科研的重心往往需要不断调整，相应的学科布局、科研团队和配套研究设施等也要随之不断优化。

植物园的科研团队形式多样：在科研功能十分强大的植物园中，往往采取"研究中心（或重点实验室）＋研究组"的形式进行科研团队的设置，即根据研究领域的不同划分成几个"研究中心"或"重点实验室",再根据研究方向下设不同的"研究组";在科研功能一般的植物园中,大多采取"研究科室"的形式,仅组建一个大的科研团队,负责全园的新品种选育与应用等研究;在一些医疗和教育系统植物园中,往往也不会再另行组建专职的科研团队,这样的植物园主要是为高校或医疗系统科研人员的研究提供材料与支撑。

涉及科研人员管理的制度,主要有人才引进、岗位聘用、考核与绩效评价等制度。人才引进制度需要规定不同岗位人员引进的基本条件、招聘流程和合同签署注意事项等内容。岗位聘用制度主要针对在职职工的职称晋升需求而设,主要包括岗位设置与数量、不同岗位的聘任条件、聘任方法和程序等内容。考核与绩效评价制度主要用于衡量科研人员每年或者整个聘期的工作表现,制度会约定考核或评价依据、考评程序、奖罚措施等内容。这一系列的管理制度,贯穿了科研人员的全过程管理,是科技管理的重要环节,也是一个植物园进行科技管理体制创新、激励科研人员积极性、促进科技创新的重要指挥棒。

辰山植物园的科研团队采取"研究中心(或重点实验室)+研究组"的形式来建设。2018年年底已形成上海资源植物功能基因组学重点实验室、华东野生濒危资源植物保育中心、城市园艺研发与技术推广中心(以下简称"一室两中心")的研究平台布局,重点围绕植物组学与种质资源、生物多样性与保育、园艺与生物技术三大领域开展研究工作,目前共有13个研究组,90余名科研与支撑人员。

至于辰山植物园科研团队的管理,由于院地合作共建的特殊性,人员引进和过程管理相对比较复杂。研究组长和研究骨干由中科院聘用,具体引进和岗位聘任等根据中科院相关制度要求执行;其余科研助理、科研支撑人员由上海市聘用,参照上海市事业单位相关标准进行人员招聘和管理,但在科研人员考核与评价制度上则按照统一制度执行。经过8年多的探索,辰山在科研团队管理上有以下特点:

(1)灵活人才引进模式,加大人才引进力度

辰山努力打造人才聚集体系,注重高层次人才凝聚,拓宽选人思路,采取灵活多元的引才方式,通过国际聘请、特殊引进、项目聘用、技术咨询等合作模式,畅通引才聚才的"绿色通道",通过构建多元化的引智体系来增强对高层次人才的吸引力。近年来分别与美国莫顿树木园共同开展城市树木方面的研究培训;与德国马普研究所合作共同推进代谢平台建设;与加拿大蒙特利尔大学加强生态修复方面合作;同时也积极与中科院分子植物科学卓越创新中心、植物逆境生物学研究中心、药物所和营养所等机构合作搭建上海科创中心的融合平台。

(2)不断优化科研激励制度,快速提升科研影响力

为了激励科研人员工作积极性,快速提升辰山科研水平,辰山植物园借鉴兄弟单位和高校的经验,不断探索并完善科研考核与评价制度,制定出台了《科研奖励实施

细则》。在 2012～2017 年度科研成果奖励制度实施期间，为了充分发挥激励政策的导向性作用，根据植物园发展对成果类型或者成果质量需求的变化，先后对制度进行了两次修订，从最初的侧重科技产出数量和形式调整为更注重成果质量和价值上。成果奖励制度的实施的确在很大程度上促进了科研成果数量和质量的快速提升，比如辰山的高质量论文数量 5 年内就翻了 5 倍，对外争取的科研项目数量和总经费也显著提升。

（3）运用科研考评机制，加强优秀人才培养

科研考评机制在推进学科布局、加强研究领域聚焦、促进重大科技成果产出和培养优秀人才方面发挥着重要作用，如果考评机制不科学，不能客观准确地反映评价对象的真实情况，很容易打击科研人员积极性，造成人才流失。辰山积极借鉴他园先进经验，先后制定实施了《课题组科研业绩考核试行办法》《科研人员年度绩效评估办法（试行）》《青年研究组长评聘管理办法》等制度。将论文、专著、专利、新品种、项目、成果转化和科研人员对植物园的公共服务情况等内容综合考量，形成相应的可比性分值，同时结合辰山学术委员会专家组的第三方客观评分，每 4 年一次对课题组进行总体的业绩考核。在科研人员年度绩效考核方面，赋予课题组长最大权限，由其根据助理工作表现给予评定意见，为课题组长加强组内的管理、激励助理工作积极性创造条件。

2. 科研项目管理

科研项目是知识生产的重要依托，科研项目管理则是通过协调与科研项目相关的各种关系，有效地利用人、财、物等科技资源，以促进项目目标实现的动态活动。作为综合型很强的管理学科，科研项目管理过程中涉及的管理技术包括项目进度管理、资金管理、质量管理、设备采购管理、项目队伍管理、风险管理等，具体流程上包括项目可行性论证、规划计划、实施与控制、收尾和验收等环节（廖淑琼，2008）。因此，鉴于科研项目管理的复杂性和重要性，任何一个科研机构都会设置专门的科研管理部门，为科研人员提供服务与支撑，保障单位科研工作的有序开展。

科研项目管理具有个性化、动态性、不确定性和以人为本四大特点（谈芳吟，2016），因经费来源、项目类别、研究内容和参与人员等不同导致了不同的科研项目具有不同的管理制度、性质和研究周期等，需要根据相关制度进行个性化管理，并在项目实施过程中紧密结合项目进展情况，协助科研人员做好过程管理，以降低进展缓慢、成本超支等不利情况的出现，同时注重激发科研创造力和主观能动性，保障科研项目能够顺利进行。

辰山植物园极其重视科研工作，每年都会围绕科研发展需求，从政府给予的植物园运营补助资金中设置辰山专项科研项目，主要包括基础研究、应用技术、科学普及、人才项目及自由探索五大类项目，用于支持新建研究团队的科研启动、培育有创

新实力的青年英才、资助具有良好基础和发展前景的科技攻关，或者解决植物园和上海绿化林业可持续发展面临的问题、促进应用性科技成果的推广等。辰山专项科研项目在支持辰山科研起步、保障辰山科研快速发展的过程中起到了举足轻重的作用，因此辰山专项的管理一直是辰山科研项目管理的一个重要组成部分，特别设定了专职管理人员，制定了专项管理制度，并成立了由相关领域专家组成的指导委员会，加强项目的全过程管理。辰山成立以来也先后承担了国家科技部、自然科学基金委员会、上海市科学技术委员会等各级各类课题 80 余项，这些项目的管理则根据项目下达单位的相关制度要求，进行全流程管理。

3. 科研成果管理

科研成果是科研任务的出发点和最终归宿，其推广和应用是推动社会经济可持续发展的动力源泉。做好成果管理工作直接影响科技人员的积极性，影响科研工作的效益。对科研工作的预测、科研计划的决策、课题选择等一系列科研管理活动有反馈作用。

科研成果管理是科研项目管理的延续，大致包括成果登记、成果报奖与奖励、成果转化与推广等环节，这些环节的开展均需要相关配套制度的支持。比如成果登记工作必须依照《科技成果管理办法》（国科发计字〔2000〕542 号），在规定时间内，经鉴定或验收的国家和省、市科技计划内的科技成果应进行登记，以增强财政科技投入效果的透明度，规范科技成果登记工作，保证及时、准确和完整地统计科技成果，促进科技成果信息交流，为科技成果转化和宏观科技决策服务。成果报奖和转化则是让科研成果实现和发挥自身价值的重要步骤，除了严格按照国家相关制度开展相关工作之外，为了激励科研人员的积极性，各研究机构也可以制定成果奖励办法和成果转化实施细则等配套管理制度，让科研人员享受成果带来的经济效益和社会效益，提高其荣誉感与使命感，以更大的热情投入科研工作中，创造更高的科研效益。

辰山在科研成果管理方面，每年都会根据相关通知要求，协助科研人员做好科技成果登记工作，并制定实施了《科研成果奖励细则》《科研成果转化管理办法》等制度，注重成果的运用与推广，取得了一定成效。比如，在成果应用推广方面，辰山积极与政府、企业合作，推广油用牡丹和荷花等产业，建立牡丹示范栽培基地和荷花研究基地。2013 年与安徽铜陵市签订了油用牡丹开发战略合作协议，并在安徽铜陵市西联乡加兴村建立了辰山中心油用牡丹实验基地。近年来，辰山还与江苏牡丹亭农业科技发展有限公司开展"牡丹高产栽培示范与开发应用研究"，建立油用牡丹育苗基地 1000 多亩。与南通白鹭湖生态农业发展有限公司开展"江南牡丹资源利用开发研究"，建立江南观赏牡丹园 300 亩。作为中国水生植物航天工程育种协同创新中心团队成员，辰山植物园观赏植物资源与创新利用研究组于 2015 年 8 月成功建立了松江新浜荷花基地，并与浙江人文园林有限公司合作开展荷花资源调查及育种研究。

2.3.3 科普教育

植物园不仅是植物多样性保护的"诺亚方舟",更是公众近距离了解植物及其环境的绝佳场所。面向广大公众开展科普教育是植物园的重要职责与义务,也因此成为植物园实施社会功能的主要评价指标。优秀的科普教育不仅能为植物园带来明显的经济效益(游客量等),还能带来良好的社会效益,提高社会知名度。

辰山以"精研植物·爱传大众"为使命,成立专门的科普宣传部,挖掘、整合和利用辰山的人才资源和植物资源,充分利用社会团体资源和媒体传播技术,策划开展一系列科学普及和宣传教育活动,并在实践中不断开展需求调研、效果反馈和总结分析,经过十年的不断摸索和科普能级提升,逐渐形成了辰山特有的科普宣传工作经验。

1. 科普教育的理念与类别

植物园为展示植物王国的奇妙开辟了一扇独特的窗口,是重要的自然教育中心,在教导人们了解植物对日常生活及全球生态系统的重要性方面,起着独特的作用。此外,它还通过突出强调植物和生境所面临的威胁,来帮助人们寻找保护生物多样性的途径。因此,科普宣传与自然教育是每一个植物园的责任与义务。

植物园开展科普教育活动的形式大致包括以下三个类别:

(1)教育

这里的教育,特指纳入政府教育体系、主要面向中小学提供的教育内容,而与大众科普区分开来。毫无疑问,这是现在的一个重要发展方向。教育和科普的一切行动可以分成两类:物质性产品(material products)和非物质性产品(non-material products)。非物质性产品包括活动、讲座、课程等一过性的、不持久的产品,物质性产品包括图书、网站、手册等可以永久保留的产品。

对于非物质性教育和科普产品,即使是活动和课程,在设计和内容提供上也应该以物质性产品为依托,体现出相关知识的系统性、全面性、准确性和更新性。系统性是指用于设计各种教育和科普产品的知识应该是一个逻辑自洽的系统,每一部分的知识在整个知识体系中都有合适的位置,并与其他部分的知识有合理的逻辑关系。全面性是指相关知识不应该只局限于某个学科、某个地点,应该把植物科学的各个分支、与植物科学相关的其他学科的知识都纳入进来,把全世界的植物知识都纳入进来。准确性是指相关知识要合乎科学共同体的结论,而不是道听途说的轶闻。更新性是指相关知识要紧随学界的最新进展,而不能过于陈旧。因此,植物园要么应该有人专门负责研发这种知识体系,要么应该找到现成的符合这种标准的知识体系资源。

因此,半专业数据库在教育和科普产品开发中非常重要。半专业数据库一方面与一手的科研资料同样准确、更新,另一方面又比较通俗,并通过整合多方面资料做到系统性和全面性，适合具体的教育和科普产品的开发者参考。

（2）科普

这里定义的科普，特指主要通过市场实现的知识传播，面向对象不限于中小学生，也包括成人。目前可以利用互联网技术和强大搜索引擎功能，如基于自然标本馆网站（CFH）平台，采用深度卷积神经网络的机器学习方法开发的植物智能识别软件，如"形色"和海外版 Picture This。用户只要下载 App，将照片上传至平台后，只需 1 秒，即刻显示植物的名字和相关科普知识，有效助推社会公众对植物和大自然的认知热情，公众植物科学普及的成效显著。

但整体上，国内缺乏原创的深度科普，这个现状到现在也还没有改变，特别是在植物科学的一些重要方向，很多科学界的重要进展都没有及时传播出来。此外，植物文化是一个非常重要的研究和知识普及方向。因此，科普市场的空白也需要有人来填充。另外，对于当下的中国来说，知识的"引进来"至少是和知识的"走出去"同样重要的。我们过于看重把中国介绍给世界，但其实我们自己对世界仍然不太理解。如果没有对世界的全面了解，可能也不容易准确把握中国在世界中的定位。

（3）宣传

"植物园是生命世界的橱窗，也是人们和科学见面的场所，进行科普传播工作是植物园的重要使命。"海伍德（Heywood）早在 1987 年如此描述植物园科普的重要性。植物园的科普宣传工作就是利用园内的各项资源和人力优势，将植物知识通过浅显易懂的文字、图片和视频等形式传递给大众，主要包括外媒体和自媒体两部分。

植物园努力打造特色鲜明的植物景区，深入挖掘植物特色，打造媒体宣传亮点。围绕花展主题"全方位、立体式、分批次"地开展形式多样、内容丰富的宣传推送，并全程跟踪宣传效果。充分利用报刊、网络、电台、电视台等新闻外媒体，多角度、多层次地开展信息宣传。在高科技与新技术飞速发展的今天，我国传媒业正发生着深刻变革，其表现特征是新媒体的迅速兴起和快速发展。除了在报纸和电视新闻中的常规宣传外，越来越多的植物园有效利用传统媒体的新媒体矩阵，比如解放日报的"上海观察"、上海电视台的"看看新闻网"、上海报业的"澎湃新闻"等，以重大花展、活动为契机进行全方位宣传。

在自媒体方面，植物园着力打造一支专业的新媒体宣传团队，建立长效管控体系，坚持内容为王，传播正能量，坚持正确的舆论导向。建立官方微信、微博、抖音等公众账号，栏目推陈出新，强调发布内容的准确性、趣味性、互动性和时效性。比如可以开设"看片识植物""说植解字""植物札记"等常态化的图文栏目。此外，还可以开设一些互动性很强的栏目，如通过"植物帮帮看"解答粉丝们日常生活中遇到的植物鉴定和养护等问题；在"植物猜猜看"栏目中，粉丝可以通过"更准更快"地鉴别照片中的植物来赢取植物园门票。这些互动性栏目得到了粉丝们的喜爱，关注度和参与度也不断提高。这些栏目的设立，使植物园新媒体科普宣传的内容更加多样化，形式更加灵活。

2. 科普团队的建设与管理

科普宣传团队的建设与管理是做好植物园各项科普宣传工作的前提和基础。建立一支勇于创新、踏实肯干的优秀科普宣传团队需要明确科普宣传功能的定位、人才引进的支持和园领导的高度重视。同时在实施过程中，对科普宣传团队的文化层次、知识储备以及活动策划、执行以及协调能力等方面提出较高的要求。

科普宣传工作是专业性和普及性相结合的工作，一方面需要科学、严谨的内容输出，同时需要面向大众、喜闻乐见的传播方式。科普宣传团队管理的核心是全面考虑部门整体工作的人员安排，充分利用部门职工的个人优势和潜能，发挥个人的主观能动性，共同形成积极向上、团结合作的良好工作氛围。

辰山植物园科普宣传团队经过十年的不断调整，已经形成了较完善的人员结构体系，对科普宣传部的人员和事务管理遵循"一松一紧、一独一众"的要求。"松"指解放思想，充分发挥科普宣传部每个成员的智力资源，不被条条框框固定，多获取新点子、新路子；"紧"是指紧扣受众需求和科普资源，依托这些资源和需求策划组织内容丰富、收大众欢迎的科普宣传产品；"独"是指每个成员能独当一面，在日常工作中负责科普宣传众多任务中的一个块面；"众"则指在重大节假日、花展、大型活动期间，部门人员同心协力，共同参与活动策划、组织、实施，全员上一线，确保活动保质保量完成。部门职责分工明确，注重发挥个人优势和特长，强调分工与协作，重要事项共同讨论，群策群力，共同完成。部门内考勤、评优评先等日常事务实行公开透明、公平公正的原则，多沟通多谈心，鼓励工作职责与个人发展前途相结合，不断提高职工工作积极性。

3. 科普活动的设计与实施

科普宣传不是简单地向公众进行信息传送，而是在不同时节挖掘、整合全园的优势资源，进行亮点提炼后，通过科普活动、电视、期刊、网站、微博、微信等各种线上和线下渠道让不同年龄层次的人群知晓，并转化为实际行动的过程。

植物园科普活动主要结合园内的主题花展和活动进行。实施的途径可分为线上和线下两种不同的形式。前者主要通过电视、网站、App、微博、微信、抖音等多种形式开展专题信息的传播。线上传播具有时效性强、互动性高、表现形式多样、传播便捷等优势，近年来逐渐成为重要的科普活动实施方式。其中科普短视频是一种新型的传播方式，"短平快"的大流量传播受到现代人的喜爱；线上知识问答也是一种较好的公众参与性强的互动科普活动，具有受众面广、形式灵活等特点。线下的科普活动则具有直观、沉浸感强、权威性高、沟通方便等优点，多以科普展示、互动讲座、自然体验等为形式。

辰山经过不断积累和经验总结，不仅建立了融媒体宣传的立体网络体系，还运营了辰山官方微博、微信、网站等自媒体平台，位居国内植物园行业前列；挖掘特色植物资源，研发策划超过 30 种多体感趣味活动或研学课程，使儿童能通过嗅、听、触等感觉对植物进行全方位体验，学习自然观察方法；策划了 15 种不同主题植物的科普手册，免费给公众发放数十万册。活动策划强调多体验性，科普产品强调原创性，项目实施强调可持续性。辰山科普活动逐渐形成"辰山奇妙夜""科研开放日""准科学家培养计划""快乐采摘季"等活动品牌，具有良好的社会影响力。

4. 科普设施的完善与维护

科普场馆、设施和科普展览是实施线下科普宣传的硬件资源，同时也是植物园科普的主要场所。规划合理、建设良好、配套完善的科普场馆能够极大地提升受众的感官体验，从而加强科普宣传效果。国内外的植物园在建园总体设计和规划中都将有科普功能的设施列入必需建设的行列之中，并且根据各自的地域特色、意图表达的科普信息等形成不同的风格特色，来涵盖多样化的科普内容。科普设施在考虑安全性的重要前提下，需要符合受众的身心特点，需要与周边环境的整体融合，还需要不断改造和提升科普内涵。

辰山植物园以青少年儿童为重点目标群体，先后因地制宜地建设了科普教室、热带植物体验馆、4D 科普影院、小小动物园、攀爬园、藤蔓园、树屋、海盗船等科普设施，成为园内科普活动开展的主要场所，为青少年儿童或亲子家庭在这里近距离观察植物和自然提供了新的方式和角度，在轻松的探索中了解植物生存智慧以及植物与环境之间的关系。

2.3.4　运营与服务

1. 市场推广

作为非营利的公益机构，早期的植物园多数附属于达官贵族或者综合性大学等，没有太多的资金和运行压力，一般都不会过多考虑商业性的开发和市场推广，只需要把自身业务做好就行。当今，植物园仍保持其公益属性，但她与社会结合度更加紧密，其丰富的资源可与市场密切关联。因此，植物园的市场营销体现了植物园的做法及其对植物园的重要性。它代表了植物园的形象和语言，会给人留下最直观的印象，甚至游客不能亲自游览植物园时，也能通过植物园的市场营销来感受植物园。然而，对于公益性的植物园来说，赢利并不是最终目的，而是通过市场运作赢利的手段，把收入作为支出的一部分，纳入全年的整体预算，从而更好地保持其公益性特征。

在高科技与新技术飞速发展的今天，随着人们生活水平的提高和消费观念的改变，人们接受新鲜事物的方式和渠道正在不断变化，植物园市场营销模式也在随之不断地创新、融入和变革，以敏锐的市场嗅觉，及时掌握游客最关注、最喜欢的事物，将游客良好口碑相传作为营销的目标。

（1）善用互联网，进一步强化品牌营销

不断强化辰山官方网站、微博、微信等"二微一站"平台建设，通过扫码关注送文创品、游客互动抽奖等活动，进一步培育辰山粉丝群，逐步提升官媒宣传力、影响力。同时，在抖音短视频 App 中开通辰山官方账号，邀请辰山科普"大咖"通过抖音直播，以"云赏花"的形式带领游客领略辰山四季美景。在传统媒体的宣传上寻求创新和突破，有效利用传统媒体的新媒体矩阵，比如解放日报"上海观察"、上海电视台"看看新闻网"、上海报业"澎湃新闻"、上海广播电视台"阿基米德"等，以大型花展和主题活动为契机进行全方位宣介。

此外，与美团、携程、驴妈妈、同程等电商平台建立良好合作，通过网上购票、定制游园活动发布、网站主页推介辰山品牌活动等营销模式，进一步多渠道、多形式地宣传辰山植物园。

（2）辐射长三角地区，进一步加强市场推介

辰山位于上海西部远郊，如果单以上海作为客源地，辰山明显具劣势。但如果将辰山置于长三角一体化的区位中，辰山则处在中心位置，具有明显的区位优势。辰山积极响应国家关于长三角区域一体化的发展战略，主动融入当地全域旅游发展，深度挖掘辰山旅游资源，依托市、区旅游系统平台，进一步加强长三角等地的推介。积极参与"长三角旅游大篷车""长三角文化旅游集市"等推介活动，逐步扩大辰山效应，培育辰山品牌。在推介过程中，通过组建长三角旅游资源交流微信群，不定期在群内发送辰山推介软文，将辰山声音传递给更多长三角游客。

与长三角地区的多个城市建立友好关系，先后在杭州、嘉兴、金华、苏州、湖州、宣城、芜湖、合肥等9座城市，共同推出旅游互惠活动，并与当地多家旅行社、酒店、景区等建立良好沟通和合作，吸引更多长三角地区游客来到辰山参观游园。

（3）紧跟新时尚，进一步创新品牌活动

关注最新时尚动态，结合辰山特色资源，针对不同受众人群创新策划诸多品牌活动，其中针对中、老年人群，抓住他们对健康、养生的关注和追求，精心策划"辰山健康跑""辰山迎新登高""园艺大讲堂"等主题活动，获得游客的热烈反响。针对青少年人群，围绕他们对自然、对知识的好奇和渴望，创新策划"宝宝坐王莲""辣王挑战赛""快乐采摘"等科普活动，受到各界普遍赞誉。

通过积极推介、主动联系，辰山植物园争取和策划了更多具有新热点和影响力的

活动，其中包括影视拍摄、植物认建认养、品牌发布会、主题家庭日等活动，先后有周迅、姚明、秦怡、董卿等数位嘉宾以及飞利浦、IBM、3M、博世集团等多家世界500强企业在辰山留下足迹，进一步扩大了辰山植物园的知名度，提升了品牌美誉度。

2. 游客服务

植物园的游客服务与游客体验息息相关，又可分为刚性游客服务与柔性游客服务，旨在满足游客"吃、住、行、游、购、娱"等各方面需求。植物园的游客服务不仅帮助游客更好地享受自然、感受自然与体验自然，同时也建立了一条植物园与游客之间的生存纽带。此外，人性化、时代化、专业化的服务也向社会各界彰显了植物园强大的服务水平，更成为植物园一张亮丽的名片。

辰山植物园以创建国家 AAAAA 级景区为契机，以游客需求为导向，以提升游客满意度为宗旨，加快完善服务配套设施建设，强抓旅游品牌培育和游客服务水平，努力给市民游客提供生态和谐的游园环境。

（1）注重智慧植物园建设，提升游客游园体验

在园内基础设施上体现智能化。开发了停车场自助收费系统、自助售检票系统、扫码购票小程序、再次入园人脸识别、游客量实时监测以及生态环境监测等智能系统。依托智能系统，进行科学有效的管理，大幅度缩短游客在入园期间的排队时间，营造良好的游园环境，进一步提升游客的游园体验。

在游园导览过程中体现数字化。开发自助游园导览小程序，将定向寻宝和游览导赏有机结合，让游客在探险寻宝过程中游园赏花。利用二维码技术，对园内的植物进行标识，给植物配上了"身份证"，游客扫描二维码就能了解掌握该植物的相关信息。此外，关注辰山微信公众号，点击 VR 全景游园，即可不出家门就能将整个辰山一览无余。

（2）推进 AAAAA 级景区创建，持续提高服务能级

积极对标 AAAAA 级景区创建标准，对管理团队和服务人员建立定期工作交流制度、微笑之星评比制度，并持续开展岗位培训，进一步提高服务管理水平。结合厕所升级与垃圾分类要求，逐步改造提升园区厕所、分类垃圾桶等设施，进一步完善服务配套设施建设。此外，在游客中心内推出手机充电、电子书籍、咖啡吧阅读角、"妈咪小屋"、租赁寄存等多项免费便民惠民服务，深受市民游客欢迎。

在餐饮配套上，以游客需求调研和游客满意度调查为依据，将园区各经营点进行科学规划、合理布局，针对植物园的特点，结合大型花展和主题活动，实行"2+X"的经营模式，即固定经营点＋移动经营点＋X 个临时经营点，根据园区实际情况进行适时调整，提供游客更舒适、更便利的消费环境。同时，通过日常巡查制度、季度考核制度、协同食药监联合抽查制度等对园内各经营商进行考核管理，利用告诫、罚

款、停业整顿、终止合作等手段，进一步加强对经营商的管理，提高园区整体服务品质。

（3）推进旅游大数据运用，深度挖掘游客需求

关注游客个性化需求，与市民游客建立有效沟通，利用问卷星、大众点评、中国移动等网络平台，结合园区大型花展和主题活动，持续开展游客需求调研以及景区客流情况、游园人群行为等游客大数据分析，以定制、预约等形式，通过开发游园活动套餐、DIY游园活动等多项个性化游园服务，进一步满足游客游园需求。

在办公、生活用品、艺术品等各类旅游文创品的设计和开发过程中，利用社交软件，让大众对图案、材质、样式等进行民主投票，充分征求各方意见后，针对性地进行定制开发。而最终这些旅游文创品将以现场售卖、网上预售或活动赠送等形式，与广大游客见面。

3. 安全管理

植物园的安全管理包括游客安全和生产安全两个部分，游客安全主要是游客在游园过程中可能出现各种意外事故和人身伤害等，而生产安全则主要是工作人员在生产和工作过程中发生的事故及伤害。安全既有天灾如台风、水患导致的树木倒伏可能产生的安全问题，也有人祸如火灾、盗窃、工程操作不当产生的问题。

辰山贯彻"安全第一，预防为主，综合治理"的安全生产方针，把安全预防工作放在首位，深化安全隐患专项整治，实现安全工作平稳、有序开展。

（1）完善制度建设，增强主体责任制

先后编制完善了《辰山植物园安全管理制度汇编》《辰山植物园安全生产事故应急预案》《辰山植物园反恐预案》等多个安全规章制度。明确辰山植物园安全组织架构，落实各岗位的安全工作目标责任，进一步增强主体责任意识，定期组织安全人员培训、考核，做到持证上岗。同时，实施应急措施和操作流程，强化了检查消除火灾隐患、组织扑救初期火灾、组织人员疏散逃生、消防宣传教育培训的消防"四个能力"的建设。

（2）提升科学管理，落实日常巡查制

根据安全隐患检查机制和消防安全责任制，持续强化科研中心、游船码头、游览车充电场、油库、动火现场等重点防火部位的监管力度，落实每日巡查制度，通过专人专管的方法对巡查中发现的问题和隐患及时跟踪、整改，不达标不动火，安全措施不到位不开工，有效提升园区安全管理能级。

在园区的安全管理中，拒绝"闭门造车"，提倡"走出去、请进来"。主动联系上级安全主管部门、相关政府部门、消防部门以及业界专家，邀请他们到园区指导并参与园区安全检查，传授最先进的安全管理理念，使我园安全管理水平能够与时俱进，

不断提高。建立第三方巡查机制，定期开展安全检查，提出整改措施，进一步提升园区安全管理水平。

（3）加强警民合作，强化民警驻园制

民警驻园制是我园提高治安服务质量、及时收集掌握第一手信息、迅速发现和处置突发性事件、确保园区及周边治安秩序持续稳定的重要举措。在园内各大主题活动、国家法定假日、游客高峰日及中国国际进口博览会期间，充分利用佘山国家旅游度假区治安派出所资源，增加警力和巡逻频次，为园区的稳定运营保驾护航。同时通过民警驻园，也加强了与所在区交警部门的沟通，通过及时的信息互通，在游客高峰日期间，周边道路交通压力得到有效缓解。

2.3.5 资金筹集与管理

1. 资金筹集

植物园有私立和公立两种类型，两大类型的植物园虽然资金来源不同，但均定位成非营利机构。其中，私人经营的植物园资金来源主要是植物园基金会、个人或机构捐献以及植物园自营收入，公立植物园每年能得到政府一定的资助，其余的资金是通过经营和捐助获得（胡永红 & 黄卫昌，2001），另外还有面向社会争取到的竞争性科研、科普等项目经费，尤其是在科研属性极强的植物园中，项目经费在全园的年度经费投入中占比极高。

植物园要想成功筹集资金，保障植物园的可持续运行，就必须要有计划和目标，将其作为植物园战略发展规划的一部分。例如，可以根据植物园短期、中期和长期发展规划中提出的工作目标及需要配套实施的项目等，确定需要投入的经费预算，然后根据预算，制定资金筹措计划。植物园资金筹集主要依靠以下几个渠道，制定资金筹措计划时需要重点考虑：

（1）主管部门

这是争取经费策略的主体，主管部门几乎承担了我国各级各类公立植物园的人力资源、基础设施、园区养护等基本运营与管理费用，因此主管部门或机构对一个植物园的未来至关重要。植物园需要向主管部门通报植物园工作进展情况，围绕主管机构的兴趣领域进行工作部署，不断证明植物园的自身价值，进而保证主管机构能有一个相对稳定长久的经费投入，甚至增加投入。

（2）自营创收

植物园的门票、停车费、观光车费、科普等专项活动、导游、场地出租、植物及其他自制产品出售等的植物自营创收等是植物园资金收入的另一大来源，不过自营创收需要植物园有比较好的经营管理，并对市场营销专职部门或专业人才进行投入。莱德雷与格琳在其主编的《达尔文植物园技术手册》一书中对植物园的创收领域及其3个主要目标给予了很好的诠释，即通过大众传媒等多种途径的宣传和营销活动吸引人们到植物园来并在园内消费，进而建立植物园和游客之间的互惠关系，同时也罗列出了促使游客多消费的特色内容，如新奇美丽植物的展示和解说、多样化的专题性或应季趣味活动、商品丰富的商店、音乐会、讲座、园艺课程、自然博物研习等专项活动等等。要想搞好自营创收，就必须多进行游客满意度调查，了解他们的希望和喜好，不断优化园内服务。

（3）项目经费

项目经费是一个对执行期限、工作量和经费使用范围有明确要求的经费类别，与维持植物园日常运营的主管部门资助经费和植物园自营创收经费有明显区别。从社会各层级机构争取到的项目经费体量不仅体现了植物园的运营与管理状况，更是植物园科研实力等的象征，直观地体现了一个植物园的社会认可度。各类项目经费资助者在发布项目申报指南时一般会明确申报资质要求、资助领域及申报材料编制要求，植物园在项目经费申报过程中有两个关键点需要注意：

一是要有明确的主攻方向和相应的工作团队，争取一些相对稳定的项目经费渠道支持，并保障项目的有效实施。国家科技部、地方技术委员会、各类非政府机构，如基金会等，每年均设置针对不同领域的各类研发类、科普类或者工程类项目，针对社会上如此众多的各级各类项目经费指南，植物园需要寻找到适合自身申报并能争取到相对稳定的经费来源的渠道，同时加强自身主攻方向的团队力量建设，实现可持续发展。

二是要设置专门的项目经费申报与管理部门，部门管理人员需熟悉经费申报材料编制要求，帮助植物园严格按照各类项目经费资助者的要求准备标准化的申报材料，减轻申报压力的同时，也保障了申报的成功率。

（4）公益捐赠等其他经费

公益捐赠类经费主要包括向个人或者企业或者基金会募集而来的经费投入，这部分经费在植物园的总体投入经费中是属于稳定性相对最低、最不可控的一类经费。争取公益捐赠类经费首先需要梳理一份可能募捐资金的企业、基金会或者个人名录，并进一步调研他们的产品或者关注点与植物园的相关性，寻找契合点，尊重互惠互利的原则主动与对方沟通，尝试建立合作关系。

2. 资金的使用与管理

对于资金的使用和管理，需要根据来源渠道和用途的不同进行归类使用，这对植物园的主要领导和管理人员提出了很强的财务管理能力要求。

辰山植物园每年的资金来源主要有三个渠道，一是上海市财政相对稳定的事业单位运营与管理经费支持，约占每年总经费的70%；二是辰山门票等自营收入，占比在24%左右；三是对外争取到的各类科研、科普等项目经费，占比在6%左右。对于这些经费的使用和管理，辰山植物园主要有以下特点：

一是费用支出等的电子化审核的快捷方式，提高办事效率。开发了财务管理系统，实现合同审批、经费报销等电子化全过程管理；

二是加强预算管理。请第三方在预算阶段就进入预算的编制与评审环节，并在经费使用期间进行绩效评估，保障经费公开透明使用，最大化降低经费使用风险，并提高经费使用效率；

三是加强项目支出的绩效管理，注重投入和产出的绩效分析，推进项目绩效评价和跟踪评价管理，提升资金使用效率，加强事前、事中、事后的监督管理；

四是设置科研项目经费使用与管理专职工作人员，保障项目经费严格根据项目下达单位的要求进行使用与管理。

2.4 植物园成功运营与管理的关键因素

植物园建设完成之后的运营与管理，是保障植物园紧跟社会发展需求，实现可持续发展的关键环节，从内设机构的设置、发展规划与重点工作的部署，到人财物的管理等均需要做好统筹与规划，本章节最为核心的内容梳理如下：

2.4.1 运营与管理因素

植物园运营与管理中的关键因素见表2-2。

运营与管理的关键因素 表2-2

核心环节	关键因素解析
领导机构	1. 主管机构在植物园运营与管理中需要扮演的角色是什么 2. 设立领导机构及工作办公室，明确工作模式 3. 梳理需要领导机构给予解决的影响植物园发展的重大问题 4. 配备专业的园领导班子 5. 成立学术指导机构
内设机构	1. 梳理植物园运营与管理的主要工作 2. 根据主要工作设立相应的职能部门，并根据植物园业务的变化进行适当调整 3. 明确职能部门工作指标及考核要求

核心环节	关键因素解析
团队管理	1. 按需设岗，按需招聘 2. 制定人员招聘、考核、岗位聘任等系列管理制度 3. 通过单位文化建设凝聚团队精神 4. 通过绩效评估激励员工进步
工作规划	1. 中长期规划明确植物园使命与目标 2. 近中期规划明确阶段性目标和可实施的项目 3. 年度工作计划落实每年工作重心，保障项目的有效实施
重点工作管理	1. 如何建立有效的智慧植物园管理系统？实现活植物、标本等管理系统与其他植物园的有效对接 2. 谁是可能的游客 3. 预期有多少游客量和哪些游客群体可能会参与 4. 如何进行解说，使其与游客相关 5. 营销如何有效 6. 植物园如何为游客提供方便和愉快的体验 7. 如何凝练特色研究方向，培育标志性成果 8. 如何促进合作与交流，快速提升植物园影响力 9. 如何通过科学普及提高植物对游客的吸引力 10. 如何争取各类资金的投入，加强预算的管理

2.4.2　辰山植物园运营管理中的亮点

1. 共建共管有抓手、重合作，合力打造运营管理机制

辰山植物园作为上海市与中国科学院、国家林业和草原局三方合作共建的植物园，为了发挥三方合作优势，建设期间就明确了理事会指导下的园长/主任负责制这一运行机制，开园后及时成立了理事会，制定了理事会工作章程，并召开工作会议，任命了植物园主要领导，明确了植物园工作重点，审定了研究组长招聘等重要事项。理事会及其工作办公室成为三方共建机构进行植物园管理的有力抓手。

2. 工作有规划、有落实，稳步推进与发展

站得高，看得远。植物园全面开园后，就制定了《辰山植物园2030中长期发展规划》，以国际视野明确了未来20年的发展目标，在国家战略和地方需求中找准定位。随后又分步走，在长期规划基础上，制定了5年滚动发展规划和年度工作计划，把规划落地、落实到每个项目和每一项工作中，并明确责任部门和责任人，确保了规划的有效落地实施。

3. 管理有重点、创特色，初步打造辰山品牌

重要科研领域布局与科研平台建设、特色专类园景观优化、特色文化及科普活动打造、活植物收集与信息化管理等一直是辰山开园以来的重点主抓工作，不仅成立了由相关领域院士、知名教授和国内主要植物园负责人组成的学术委员会进行学术指导，帮助辰山不断聚焦和凝练特色学科方向，还成功打造了辰山草地广播音乐节、科普夏令营等深受沪上居民喜爱的特色活动，更凭借矿坑花园、亚洲最大的展览温室群、国际兰展和月季展等引人入胜的风貌成为上海知名的 AAAA 级风景名胜区，辰山的品牌效应已初步显现。

虽然运营及管理涵盖的内容比较全面和琐碎，但是本章希望通过这些细节的归纳和总结找到一些运营和管理的规律，能为其他的植物园所借鉴。

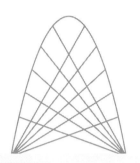

第 3 章
植物园品牌与特色

谈到品牌，我们一般会联想到企业和利润，其实植物园作为公益性机构，同样需要加强品牌建设，因为品牌就是一种无形资产，就是知名度，有了知名度就有了凝聚力、影响力、竞争力和维持植物园可持续发展的动力。

品牌是对植物园特色建设的拔高，是植物园得到社会认可的最显著标志。前面植物园启动与建设章节，已对如何从基础硬件方面加强植物园的特色建设提了一些想法，本章节将重点从加强植物园软实力建设角度出发，探讨如何开展植物园的品牌与特色建设。

3.1 科研品牌

"有一定的科研成绩与研究特色，尤其是重要植物的相关研究，国际、内部学术交流频繁"是国际一流植物园科研方面的重要评价指标（任海 & 段子渊，2017），从这个评价体系中我们不难看出，"对重要植物进行研究"，并"有一定研究特色和业绩"是国际一流植物园的研究目标，也是促进其科研品牌形成的核心内容。

3.1.1 学科品牌

植物园有着深厚的科学内涵，是从事植物基础生物学研究、植物资源收集与评价、植物资源发掘与利用的综合研究机构，其科研发展轨迹可谓是整个生物学发展史的一个缩影（黄宏文，2018），先后打造了一些植物园标志性的研究学科。

1. 现代植物分类学

植物分类学是植物园最具代表性的经典学科，时至今日，它依然是植物园生物多样性保护与可持续开发利用研究必备的基础性学科。植物分类学的诞生和发展与植物园密不可分，植物园工作者不仅创造了双命名法，开启了植物分类学研究的新纪元，更创立了植物分类学最具有划时代意义的里程碑——恩格勒植物分类系统，同时也发明了植物蜡叶标本制作方法，牵头完成了全球植物志的编撰等，从理论到方法，从技术到成果均为植物分类学发展做出了卓越贡献，使其成为植物园科研方面的学科品牌（黄宏文，2018）。

从 20 世纪开始，植物分类学已经成为以达尔文主义为基础的系统学的一部分。系统学通过采用支序学、种群生物学、分子生物学等现代方法，不断压缩研究的主观空间，增加系统发育树和分类系统的客观性，在 20 世纪末系统学掀起"分子支序学革命"之后，经过 30 年的发展，植物分类学已经充分现代化，让这门古老的学科焕发了新的生命。

2. 植物保护生物学

人类活动的加剧引起全球环境的迅速恶化并引发第六次物种大灭绝，至 20 世纪 60～70 年代，科技界和许多国家意识到生物多样性危机的严重性，开始运用各个基础生物学科研究手段来分析探讨物种生存条件、灭绝机制和环境保护措施，由此产生了保护生物学。这是一门综合性学科，目标是评估人类对生物多样性的影响，提出防止物种灭绝的具体措施，具有理论科学与应用管理科学的双重特征，由基础生物学、应用生物学和社会科学交叉融合而成（蒋志刚等，1997）。

在全球环境恶化日益加剧、植物生境丧失和植被快速退化的今天，植物园也应承担保护植物的责任和义务（洪德元，2016）。虽然保护生物学诞生的历史不长，但植物园开展植物保护生物学相关工作的历史悠久，保存植物的物种多样性贯穿植物园的整个发展历程当中，虽然最初收集植物的目的仅仅是从功利主义出发，纯粹是为了经济利益，或仅满足人们猎奇、审美或者教学的需求。无论出于何种目的收集并保存植物，植物园长期的收集、栽培和养护管理等都让植物园在无形当中发挥了保护植物的能动作用，促进了保护生物学的诞生和发展。

3. 经济植物学（资源植物学）

16 世纪以来，跨大陆、跨地区、跨国家之间的植物引种驯化及其发掘利用深刻改变了世界经济社会格局，影响了一些国家的兴衰，而植物园对植物引种驯化的贡献无可置疑，其中植物园引种驯化的代表性经济植物有茶（*Camellia sinensis*）、橡胶（*Hevea brasilensis*）、咖啡（*Coffea arabica*）、海岛棉（*Gossypium barbadense*）、西谷椰子（*Metroxylon sagu*）等（黄宏文，2018）。因时代发展需求，人们对经济植物的关注度越来越高，开展的研究与推广利用工作也越来越深入，逐渐催生了经济植物学这个植物学独立分支学科。

经济植物学是研究经济植物的鉴定、特性、应用及分布的学科，不仅与纯粹的分类学、生态学、生理学、细胞学、生物化学等植物学学科相关，还与农学、森林学及园艺学相关，并与繁殖、栽培、收获、加工及产品的经济学和市场学相联系（WICKENS & 王维荣，1991）。

不过遗憾的是，由于经济植物学与太多学科交叉和关联，时至今日，虽然很多植物园一直在开展经济植物学相关的研究工作，长期不懈地在丰富多样的野生植物资源中坚持筛选和开发新的经济植物，但并没有把经济植物学作为单独学科体现出来，而是以生物化学、分子生物学、植物组学等植物利用相关的学科来代替（黄宏文等，2018）。

4. 园林园艺学

植物园研究的一个主题就是改善人类生活环境和提高人类对植物的理解，从而让人们了解到需要解决基于植物的环境问题的紧迫性。

园林艺术与人类的生产生活密不可分，是人类文明的组成之一，早在公元前 2000 年，古代中国、古埃及、古希腊、美索不达米亚（又称两河流域文明）和后来的古墨西哥等皇家园林都创造了古代园林艺术的辉煌（黄宏文，2017）。16 世纪中叶真正意义的现代植物园诞生以后，经过几个世纪的演化与发展，植物园的景观设计和布局已由最初的几何排列向科学与艺术相融合迈进，不仅融入丰富的民族文化和艺术特征，更注重植物生态学、保护生物学和园艺学等学科在园林景观规划设计和实践中的运用，不仅造就了一批优秀的园林规划设计人才，更通过对植物的栽培驯化和景观应用等技术的探索，促进了园艺学的发展，筛选并培育出木兰、杜鹃、苏铁、铁线莲等一系列园艺品种。例如，在美国，用于绿化的灌木和乔木新品种主要是由美国国家植物园的科研人员引种选育而来的，他们引导着美国绿化用苗的发展方向，1990～1999年，美国苗圃行业引进的大约 70 个栽培品种都来自国家植物园（邵静，2001）。

在我国，有 47.5% 的植物园将园林园艺学作为研究工作重点。尤其是在以游览游憩等功能为核心的城建系统植物园中，园林园艺学经常是其重点主抓和投入的研究学科，为园区营造优美景观奠定了坚实的科研基础。

5. 恢复生态学

恢复生态学（Restoration Ecology）是 20 世纪 80 年代迅速发展起来的现代应用生态学的一个分支，主要研究生态系统退化的原因、退化生态系统恢复与重建的技术和方法。植物园收集栽培植物及其长期形成的特殊技术方法至关重要，客观上来讲，植物园对恢复生态学的发展起到了非常重要的奠基作用。1934 年美国威斯康星大学树木园率先尝试了恢复生态研究，在美国麦迪逊的废弃地、威斯康星河沙滩以及海岸废弃地上进行生态恢复实验，在此基础上创建了威斯康星大学种植园景观。

植物园的专类园建设可以利用恢复生态学理论指导建设群落型专类园，可以避免专类园的空间结构过于单一，提高专类园区植物多样性和生态系统的稳定性等。恢复生态学逐渐成为国内外植物园的主要科研方向之一，目前国内植物园中业绩比较突出的是中科院华南植物园。华南植物园于 1959 年在我国沿海地区建立了第一个恢复生态学研究站，开拓了我国恢复生态学长期定位研究的先河，之后又建立了鹤山森林生态系统国家定位研究站和中科院退化生态系统植被恢复与管理重点实验室，1984 年以来一直致力于我国南方退化荒坡的植被恢复重建和可持续优化，在植被恢复和生态系统优化相关理论和实践研究方面取得了重要进展（余作岳 & 彭少麟，1996）。

3.1.2 成果品牌

1. 开发了一系列改变历史进程的植物

400 余年的发展历史证明，植物园在创造标志性学科品牌的同时，更在科研方面体现了人类对植物资源持之以恒的发掘与利用，并创造出了服务于社会和经济发展的重大成果品牌。植物园在寻找新经济植物的历史上，成果无数，贡献遍及衣食住行、生老病死、工农航天事业等领域，其中最著名和具有划时代意义的成果就是战略植物资源橡胶树（*Hevea brasiliensis*）的发现、引种、栽培、割胶，一直到橡胶产业链的形成（贺善安 & 顾姻，2017）。这期间，植物园不仅筛选出了最有潜力的树种，还对其生物学特性、栽培繁殖以及割胶技术进行了长达近半个世纪严谨而系统的研究，才打造出一个完整的橡胶产业链，其中的杰出代表人物是有研究橡胶树"疯子"之称的新加坡植物园主任里德利。橡胶树的研究案例可谓是充分彰显植物园研究的"源头性"最为典型的案例了，其成果深远的影响力成为植物园创造科研品牌的一个重要标杆。此外，比较典型的案例还有印度尼西亚茂物植物园的油棕（*Elaeis guineensis*）、牙买加植物园的杧果（*Mangifera indica*）和印度植物园的茶树（*Camellia sinensis*）引种等，均为当地相关产业的发展奠定了坚实基础。

我国植物园在植物利用研究方面也对工业、农业和国防建设做出了数以百计的成果和贡献，其中最为突出的代表是中科院武汉植物园开展的我国特产猕猴桃属（*Actinidia*）资源的研究与利用，对经济发展和科学技术水平的贡献都居于世界领先水平（贺善安 & 顾姻，2017），创造了国人品牌与骄傲。

2. 成为植物多样性迁地保育的"诺亚方舟"

中国植物园联盟理事长 / 中科院西双版纳热带植物园主任陈进曾在一次学术报告中指出植物园就是"生物多样性保护的工具箱"，从就地保护、迁地保护、近地保护、回归引种、生态修复、辅助迁移、环境教育等不同角度开展植物保护工作，其中迁地保护是最为重要的保护形式。植物园开展迁地保护主要通过植物专类园、种质资源库、植物保育苗圃、标本馆等形式开展，其中比较知名的案例包括邱园的"千年种子库"、中科院昆明植物所的"中国西南野生生物种质资源库"、中科院华南植物园的木兰园、中科院武汉植物园的猕猴桃国家资源圃、上海辰山植物园的国家蕨类植物种质资源库等，均已成为植物园进行植物多样性保育的品牌性成果。

目前全球 3000 多个植物园和树木园，遍及各气候带、植物区系和生境地，至少迁地保护了 12 万种高等植物，占已知物种的 1/3，其中濒危植物 1 万～2 万种，保存有大量的重要植物类群（黄宏文，2017b）。在我国，植物园迁地保存栽培植物约396 科，2633 属，23340 种；农作物资源保存数量达 41.2 万份，涉及作物种及近源种

1890 个，为我国农林、园艺、医药、环保产业的可持续发展提供了国家战略资源储备支撑及丰富的源头资源材料，是全球植物多样性保护的重要组成部分（黄宏文等，2015）。

3. 构建植物学科发展的基础研究数据库

植物园在开展植物分类学等标志性学科建设的同时，也积累了大量的基础研究数据，极大地促进了生物学相关学科的发展。比如，以植物园为核心力量组织开展的全球各地植物志书的编写，系统梳理了各类已知植物的形态特征和分布情况，为植物生理学、保护生物学、经济植物学和分子生物学等的科研工作提供了最基础的研究资料。除了植物志书外，随着信息化的发展和大数据时代的到来，邱园等国际一流植物园的发展战略已将信息学列为所有重点科研项目的基础支撑和制胜关键，牵头建立了植物名称检索、经济植物数据库、迁地保育植物科学数据库、标本数据库等各类在线数据库，为科研工作站及时高效地获取实验数据、提供科研产出提供了便利，打造了信息化时代"平台建设→数据积累→科学证据→科学发现"这一新型的科研发展模式。

3.1.3 技术服务品牌

植物园的核心工作是活植物的收集与管理（Gratzfeld，2016）。可持续发展的植物园应该不断产出科研成果并为社会服务，且科研成果应当基于本植物园收集的重点类群，促使活植物收集和植物科学研究相得益彰（胡永红等，2017）。

1. 支撑城市生态环境的可持续建设

在社会经济快速发展的当代，城市化和工业化进程不断加快。一方面，人均生态足迹快速提升，人们对能源的消耗不断增加，对自然环境的需求越来越高；另一方面，大量城市垃圾的产生，及土壤、水体、空气污染问题凸显。植物园凭借对植物与环境关系的深入研究，可为解决城市环境问题给出生态修复方案，更重要的是可为城建规划提出更为可持续的发展方式（胡永红等，2017）。例如，植物园利用其在植物保育研究方向上的优势，在新城区的建设过程中可以摒弃传统的绿化植物配置方案，提高新优绿化植物的使用比例和城市绿化植物的多样性（王萍，2010）。而在旧城区的改造过程中，则可利用植物修复研究的成果实现污染水体和土壤的生态修复（弓清秀，2005），营造城市绿地、休闲公园。总体而言，植物园通过开展植物保育、生态修复、园林园艺等植物与环境相关学科的研究工作，可以为城市的生态修复、园林景观建设等，为创造宜人宜居的生态环境，提供丰富多样的植物素材和科学高效的技术支撑。

2. 推动植物制品相关产业的发展

对野生植物资源的引种驯化、开发与可持续利用研究一直贯穿植物园的发展历程中，对促进世界经济和城市发展发挥了非常重要的作用，如烟草、葡萄、橡胶、薯蓣、猕猴桃属（*Actinidia*）植物的研究开发与推广利用等（任海，2006；贺善安和张佐双，2010；娄治平等，2011）。这些研究成果的运用与推广，催生或者推动了一大批工业、农业、国防和医药等行业企业的发展，多维度服务人类的生存与健康，植物园不仅为这些企业筛选或培育了优良的植物资源，更通过开展植物栽培管理、有效成分分析、深加工技术研发等研究，为企业的运营与管理提供源源不断的技术支撑。

3. 打造开放的现代化科学数据共享体系

近年来，随着信息化、大数据的深入发展，科学研究也进入了第四范式数据密集型研究阶段（邓仲华和李志芳，2013），数据平台和信息技术成为所有科研工作必备的基础条件。而随着智能手机的普及，移动终端成为植物园数据采集、人们认识自然的一个理想媒介，植物园科研人员与时俱进地将信息化与植物研究工作密切结合，不仅开发了基于手机端的植物数据采集 App，如华南植物园开发的"生物调查者"App、辰山植物园开发的"园丁笔记"App，便捷快速地帮助工作人员在植物调查和养护管理过程中采集植物坐标、名称、植物物候和图像等数据，以备对数据进行溯源或查证，更为了满足社会大众认识自然、了解自然的需求，研发推出了"形色""拍图识花"等软件，帮助公众快速认识身边的植物，并掌握其生物学知识，不仅加深了社会公众对植物园的认识，更满足其认识自然、热爱自然的心理需求，取得了良好的社会反响。

4. 培育并输出植物学、园艺学等专业人才

现代植物园对植物学、园林园艺和生态学等相关学科的研究，对生物多样性的保护等，使其不仅成为人与自然见面的橱窗和进行科普教育的胜地，更是相关专业人才培养的摇篮，源源不断地为科学研究、生态环境建设、生物多样性保护等领域培养和输送人才。植物园进行人才培养的形式多样，既有长期持续的研究生培养计划，也有面向行业需求的短期技能人才培训，更有面向公众的科普教育培训。不管哪种培养模式，都是植物园发挥社会公益功能，帮助公众提升科学素养、满足相关领域发展人才需求的一项服务品牌。

3.1.4 辰山植物园科研品牌建设

辰山植物园的建设与发展愿景就体现在"三个面向"，即面向基地努力发展成为全球植物研究最重要的科研基地之一；面向上海为其"生态之城"建设提供科技支撑，为市民打造一个科普启智、人与自然和谐共生的理想栖息地；面向世界成为中国与世界植物保育和科研交流的重要平台；最终实现"一个目标"，即建成国际一流植物园。发展愿景清晰明确地指出了辰山植物园的科研工作重心和目标。十年来，围绕愿景目标，辰山植物园在科研基地建设、特色学科创建和品牌性成果取得等方面取得了较为突出的成绩。

1. 打造优质科研基地

科研基地建设是科研院所与高校等科研机构开展科技创新工作的一项重要内容，建设的目的和意义主要有三个方面：一是通过科研基地的建设拓展科研发展空间，改善科研条件，为科研人员创造更加优质的研究平台；二是科研基地的建设过程就是对单位科技资源集聚和优化配置的过程，有利于优化配置和集约利用单位有限的科技创新资源；三是有利于提高单位的科技创新能力，科研基地的建设不仅改善了科研条件，优化了科技资源配置，更打破了小型研究组的概念，通过促进不同研究方向的交叉合作，组建了更有竞争力的创新研究团队，更有利于争取到所在地区和国家层面的支持，创造更高层级的科研成果，提高单位的整体创新能力。

辰山植物园的科研工作定位在华东重要资源植物的保育与可持续利用研究，从园艺与生物技术、次生代谢与资源植物开发利用和生物多样性保育三大领域进行学科布局，经过十年的发展，围绕辰山科研定位，在国家林草局、国家花卉工程技术中心、上海市科学技术委员会的大力支持下，成立了华东野生濒危资源植物保育中心、城市园艺研发与推广技术中心和上海市资源植物功能基因组学重点实验室三个省部级以上科研基地，为辰山植物园科研工作步入快车道提供了有利的平台支撑。

（1）上海市资源植物功能基因组学重点实验室

2014年，在上海市科学技术委员会的支持下，上海辰山植物园与上海师范大学联合成立了"上海市资源植物功能基因组学重点实验室"。实验室面向国家发展战略和地方需求，以绿色产业和生态文明建设为导向，以开展重要资源植物功能基因挖掘和种质创新、全面提升我国资源植物保护及可持续开发利用的科技水平为总目标，研究方向涵盖基因组学与功能基因组学、种质创新及持续利用等方面，从贯穿与持续研究层面对资源植物共性问题展开探索，开展重要资源植物，特别是药食同源植物的功能基因挖掘和种质创新研究。

实验室采取科研与经济结合的新型科技创新，积极对大上海地区多种资源与平台的整合式贯穿发展模式进行科学研究，为提升上海市在科研转化为经济方面的核心竞争力，促进食品、药品、化妆品深加工等相关产业的发展，并为培养高层次人才提供了一个良好的平台。目前重点实验室下设 11 个课题研究组，其中 9 个隶属于上海辰山植物园，2 个为上海辰山植物园分别与上海师范大学、复旦大学共建。目前实验室拥有包括科研、技术及管理人员在内的固定人员 82 人，流动人员（含博士后和研究生）39 名。目前重点实验室在牡丹、丹参、黄芩、甘薯、石榴、蕨类、兰花等重要资源植物的研究方面取得了卓有成效的研究成果。不仅完整阐明了抗癌活性物质汉黄芩素的合成机制，破译了中药黄芩产生抗癌活性物质的遗传密码。还在多倍体基因组学领域取得了一项重大突破，通过全新生物信息学方法，将甘薯六倍体的 6 组染色体分开，揭示了甘薯的起源，开创了多倍体复杂基因组分析的先河。

（2）华东野生濒危资源植物保育中心

"全国极小种群野生植物拯救保护工程——华东野生濒危资源植物保育中心"于 2015 年 10 月 16 日获得国家林业局保护司支持并授牌成立，工作目标是集聚华东地区核心力量，依托上海辰山植物园，对区域内具有重要价值的野生濒危资源植物、稀有战略资源植物进行全面、系统和科学的评价，开展迁地保护和就地保护新技术研究，形成可复制的标准、流程和操作规范，提供保育知识和技术支持，形成具有重要价值的濒危资源植物保育技术体系，逐步发展成为具有国际影响力的极小种群植物保育中心。

保育中心目前共有 5 个研究团队，30 名科研人员，21 名研究生，1 名博士后，另有标本馆和园艺部等科研支撑人员 50 余人。主要开展兰科、蕨类、壳斗科、秋海棠、荷花、木兰科、唇形科等植物资源的收集、保育与开发利用工作。在植物保育方面取得显著成绩，不仅迁地保育收集唇形科资源 118 个物种的活植物 10154 株，DNA 材料 5742 份，植物化学分析材料 306 份，蕨类植物 500 余种，全球荷花资源 700 余份、活体材料共 1800 多池（缸），成功建设了唇形科、荷花和蕨类三个国家级种质资源库和一个国际荷花资源圃，打造了目前世界上荷花资源最全、最具有代表性的资源圃，而且成功加入国家重要野生植物种质资源共享服务平台，并取得一系列比较重大的研究成果，比如通过采用大规模的直系同源基因构建系统树的策略，通过大规模转录组数据重构蕨类植物生命之树，总结分析了中国野生秋海棠的多样性与保育现状，解决了马兜铃科的一些分类学难题等。

（3）城市园艺研发与推广技术中心

2018 年，在国家花卉工程技术中心的大力支持下，辰山植物园成功申建"城市园艺研发与推广技术中心"，本中心立足于国家发展战略需求及上海城市发展需求，以城市园艺技术为核心，重点开展城市生态应用技术研究，凝练创新可持续利用的绿化新技术，力促成果转化，策应上海市领导提出的城市园林向"绿化、彩化、珍贵化和效益化"的方向发展，服务植物的精细化管理、生态园林建设以及城市生物多样性保护等领域。

城市园艺中心目前已与上海市绿化管理指导站、美国莫顿树木园联合共建了上海城市生态联合实验室，共有3个专职研究团队，15名科研人员，8名研究生，另有园艺部科研支撑人员10余名。目前主要开展兰花、凤梨、睡莲、木兰、八仙花、月季等重要观赏植物资源的收集和新品种培育、城市低光照区域的立体绿化技术集成、应对大客流的大型公共绿地可持续绿化技术等研究工作。培育并国际登录了兰花、秋海棠和鸢尾等新品种10个，筛选出了30多个适应城市低光照区域生长的植物类群，开发出栽培容器和蓄水容器一体化的轻型新容器，并实现智能控制系统，研发出轻型优质的介质配方。出版了《特殊生境绿化技术》等学术专著5部，申请专利15项，其中5项实用新型专利已获得授权。

以上3个研究基地与辰山植物园在植物代谢与资源植物开发利用、生物多样性保育、园艺与生物技术三大研究领域的学科布局密切结合，为相关科研工作可持续发展争取更多资源支持创造了有利平台。短短几年内成立3个省部级以上研究基地，不仅是辰山科研能力得到上级相关机构认可的重要证明之一，更是促进辰山科研迈上新台阶、加大高层次科研人才引进和培养的平台保障优势。

2. 聚焦发展特色学科

辰山植物园科研发展与学科建设的总体思路是响应"健康中国战略""中国植物保护战略"和"生态文明建设"三大国家战略，结合地方发展需求，重点开展中草药资源、天然食品和药物资源的可持续开发利用研究，为大健康产业发展和食品安全提供创新动力；加强本土植物资源的保护，构建唇形科、芍药科、兰科及蕨类等特色植物的活体资源库、标本库和种子库，建立野生濒危资源植物保育技术体系；同时也充分发挥城市园林绿化、植物生态修复在改善城市环境和生态中的重要作用，满足城市优质环境需求和市民生活品质的追求。

根据以上科研发展思路，上海辰山植物园在学术委员会专家组的指导下，把建园期间规划的六大科研领域逐步聚焦到生物多样性保育、次生代谢与资源植物开发利用及园艺技术研究等三大领域，并逐步形成了以下特色研究方向：

（1）资源植物的功能基因挖掘与种质创新研究

此研究方向是辰山植物园落实"健康中国战略"、为国民健康和社会经济发展服务的落脚点。经过近十年的积累，目前在甘薯、黄芩、牡丹、丹参等植物类群的有效成分分析、功能基因挖掘和代谢途径调控等方面开展了大量的基础性研究工作，并取得了一些在业内很有影响力的研究成果，部分成果已得到推广应用，比如牡丹组学及种质创新研究组全面解析了重要资源植物牡丹全基因组，建立油用牡丹优良种质筛选与栽培技术体系，并与中国江南牡丹品种群栽培中心安徽铜陵签署战略合作协议，与复旦大学等合作研究脂肪酸发育机制，技术指导开发了一系列牡丹籽油等可促进人类身体健康的保健品。

（2）植物分类与保护生物学

此研究方向是植物园实施全球植物保护战略的必备基础研究。建园十年来，辰山植物园搜集整理了国内外 60 余万份馆藏标本数据、125 本华东地区和 222 本全国性志书、120 万张野外调查自然生态照片，建立了迄今为止最庞大的华东植物资源分布数据库，共 112 万条县级物种采集地信息或分布描述，包含 16000 多个种（含栽培种类），20000 个精确的活体种群分布点 GPS 坐标。已出版《华东植物区系维管束植物多样性编目》《中国蕨类植物多样性与地理分布》《中国入侵植物名录》《上海维管植物名录》等专著 10 余部，并建设和维护着"自然标本馆"、iBiodiversity 等生物多样性信息系统，初步形成了一整套野外植物资源调查和信息管理技术体系，建成了高效率的数据管理平台和大规模的协作网络，与大量自然保护区和各地专家建立了紧密合作关系，为大量自然保护区、植物标本馆和植物园建立了在线信息管理平台。

（3）城市园艺学

为了满足城市优质环境需求和市民生活品质的追求，辰山植物园积极对接地方发展需求，开展城市绿化、生态修复和家庭园艺等方面的科研工作，在推进城市宜居环境建设和生态修复上，通过植物引种驯化和技术创新，为城市绿化提供了丰富的植物资源，初步建立了适合长三角城市特殊生境条件的绿化技术，为城市绿化景观构建提供了技术支持。

3. 研发系列品牌成果

（1）破译了部分重要资源植物有效成分的遗传密码

辰山植物园依托上海市资源植物功能基因组学重点实验室这一研究平台，组建了由中科院陈晓亚院士、英国皇家科学院凯西·马丁（Cathie Martin）院士等国际知名专家领衔的资源植物功能基因挖掘与种质创新研究团队，目前已在一些重要资源植物有效成分的合成机制、代谢途径和种质创新等方面取得了重要成果。

①完成牡丹基因组测序，开启牡丹分子设计育种新篇章。

牡丹是中国最重要、最负盛名的标志性花卉，也是世界名花。除了观赏价值之外，近年来牡丹作为新型油料植物的珍贵价值得到了挖掘。它的种子含油量高，油脂成分中 α-亚麻酸占比遥遥领先，这让牡丹作为油料植物的产业规模目前已经远远超过了观赏牡丹。为了深入挖掘牡丹的观赏和油用价值，培育新优牡丹种质资源，自 2013 年来，辰山植物园牡丹研究团队在著者的带领下致力于牡丹全基因组测序工作，目前已基本完成。基因组是植物表型变化的遗传基础，完成全基因组测序将真正开启牡丹分子设计育种的新篇章，提高牡丹育种工作整体水平。

②解析整个黄芩素生物合成途径，破译中药黄芩产生抗癌活性物质的遗传密码。

黄芩是一种著名的中药植物，原产于中国，因其具有良好的治疗特性而在世界范围内广泛种植。黄芩叶片中含有野黄芩素和野黄芩苷，根中则含有黄芩素、汉黄芩素等活性物质。这些黄酮类物质具有抗菌、抗病毒、抗氧化、抗癌、保肝和神经保护特性。尽管黄芩具有很好的经济效益，需求在不断增加，但由于缺乏基因组信息而使黄芩栽培育种及遗传改良受到限制。辰山药用植物与健康研究组于2017年和2018年分别全面解析了黄芩素、汉黄芩素的生物合成途径，并通过全基因组测序，分析了黄芩中活性成分的进化机制，进而完整阐明了抗癌活性物质汉黄芩素的合成机制。这一研究成功解析了一种使用了两千多年的药用植物中的珍贵化学物质合成途径，为通过合成生物学获取汉黄芩素提供基础，也为其他唇形科植物的遗传分析提供了参考。两项重要成果均发表在国际顶尖植物学杂志《分子植物》（*Molecular Plant*）上。

③绘制甘薯基因组图谱，开创多倍体复杂基因组分析的先河。

我国以世界总种植面积50%的土地生产了全球80%以上的甘薯，产量近亿吨。但是复杂的遗传背景一直以来是制约甘薯研究的瓶颈，甘薯起源问题悬而未决。由辰山植物园（中科院上海辰山植物科学研究中心）杨俊课题组发起，联合德国马克斯普朗克分子遗传研究所和分子植物生理研究所，于2014年启动国际甘薯基因组计划，该研究充分发挥多边合作优势，历时仅18个月，攻克了多倍体基因组组装的世界性难题，项目组采用了Illumina测序技术，自主开发了一套全新的多倍体单倍型化分析软件，成功绘制了甘薯基因组的精细图。该研究不仅将绝大部分基因组序列定位到对应染色体上，还通过全新生物信息学方法，将六倍体的6组染色体分开，从而揭示出在甘薯的90条染色体中，有30条染色体来源于其二倍体祖先种，另外60条染色体来源于其四倍体祖先种；约50万年前，二倍体祖先种和四倍体祖先种之间的一次种间杂交孕育了今天的重要作物。这一发现解决了甘薯起源的谜题，为合理利用甘薯近源野生种提供了崭新的思路。同时也为其他复杂多倍体基因组测序提供了完善可靠的策略与技术，将大力推动资源植物功能基因组学研究的进程。相关成果发表在国际知名学术期刊《自然·植物》（*Nature Plants*）上。

（2）打造了华东地区种类最丰富的战略植物资源库

华东地区城市化和工业化程度最高，人口密度最大，生境破碎化最严重，加剧了植物濒危乃至灭绝的速度，亟待开展迁地保育。上海辰山植物园自建设期间，就通过科学的规划设计，营造多样化的植物生境，全面收集华东原生植物，同时通过开展植物分类、保护生物学研究，掌握植物濒危机制，探寻人工繁育和迁地保育生境营建技术，建成了华东地区种类最丰富的战略植物资源库。

①研发了华东重要资源植物迁地保育技术体系。

通过开展蕨类、壳斗科、秋海棠、兰花、荷花、鸢尾等特色植物的收集与迁地保育研究工作，目前已形成了运用 DNA 片段、简化基因组测序等手段对濒危植物遗传背景分析、亲缘地理和演化机制等方面比较成熟且系统的濒危植物机理机制分析技术，对制定科学合理的迁地保育策略奠定了理论基础。对于迁地保育回来的活植物、标本和种子等植物材料，辰山植物园研发出集活植物和标本管理于一体的数字化信息系统，获得了 15 项左右相关软件著作权，其中基于手机的"园丁笔记"App 不仅大大提高了辰山植物园开展活植物养护与管理的高效性、科学性，同时也为同行工作提供了技术服务与支持，深受园林园艺工作者的欢迎。

②完成了中国东海近陆岛屿全覆盖调查。

自 2015 年辰山植物园建设期间开始，上海辰山植物园就结合活植物收集与迁地保育工作，启动了对中国东海近陆岛屿植物与植被情况的调查工作，通过样线法、采集目标岛屿植物的花 / 果标本、拍摄具有准确 GPS 定位的野外植物数码照片等形式，总计调查了 63 个岛屿，采集标本 9372 号，鉴定得到被子植物 144 科 635 属 1274 种 14 亚种 61 变种（不含绿地栽培植物）。其中有精确 GPS 定位的物种共 134 科 555 属 1034 种。

③构建了特色植物的国家级种质资源库。

收集储备植物标本 15.8 万份（11299 种），种子 1100 份，DNA 样本 30000 份左右；目前在资源收集上，活植物收集数量为 20248 种（含品种），总存活率达 60%，拥有原生种 10510 种，其中华东本土植物约 3000 种，率先完成 600 种华东区系植物"从种子到种子"的完整生活史的迁地保育；在国家林草局和中国花卉协会的支持下，成功建成了唇形科、蕨类和荷花 3 个国家级种质资源库，为科研、科普和园艺工作需求提供了丰富的植物资源。

三个国家级种质资源库情况如下：

国家唇形科植物种质资源库：2016 年由国家林草局批准设立，通过对全国 23 个省市、500 多个分布点的调查，收集引种国内外唇形科活植物 118 种，栽培扩繁超过 1 万株；获得 30 余个较高观赏价值的杂交组合，对 8 个物种的耐热性和 32 个物种的观赏性评价，发表文章 15 篇，出版专著 1 部。

国家蕨类植物种质资源库：2016 年由中国花卉协会批准设立，目前已迁地保育蕨类植物 500 余种，并致力于中国蕨类植物资源、分类与进化研究，参与世界蕨类植物分类系统 PPG 的构建，目前已重建了蕨类植物系统发育树（Shen H et al., 2018），出版《蕨类植物迁地保护的方法与实践》专著 1 部。

国家荷花植物种质资源库：2016 年由中国花卉协会批准设立，现有荷花资源 900 余份，1600 多池（盆），包括美国、泰国、越南、印度、澳大利亚、缅甸等国外居群 30 多个，还收集了不同种源及品种莲子 205 号，分子材料 1247 号，成为目前世界上荷花资源最全、最具有代表性的资源圃，2016 年 10 月被国际睡莲水景园艺协会认证为"国际荷花资源圃"。辰山植物园目前已成功克隆和验证了一批荷花重瓣化的关键功能基因，建立了荷花花瓣瞬时转化体系和花粉管介导法的稳定遗传转化体系，培育出荷花新品种 14 个，全部实现国际登录，建立了一套鲜切荷花和盆栽荷花品种的评价体系，大力促进国际荷花登录，2015 年以来完成登录品种 118 个。

（3）研发了在城市中重建自然的关键技术

辰山植物园对标国际开放、低碳、可持续的先进理念，立足自身专长寻求解决方法，确立了以城市生态修复为长远目标、以园艺绿化技术为持久支撑、以成果应用推广为最终目的的角色定位，并重点在特殊生境立体绿化、生态修复植物的筛选与应用、植物生长基质的改良等三大方面取得了比较显著的成绩。

①开发了一系列特殊生境绿化技术。

与高新企业和高校开展跨界、跨学科技术合作，以上海特大城市高架桥下立体绿化技术和空间利用为切入点，围绕实现立体绿化单次植物在墙体上生长周期不少于 5 年、快速高效地推进城市低光照区域立体绿化的发展目标，开展了一系研究与应用示范，不仅将高架桥下的空间进行绿化，而且从传统平面延伸至立面，通过筛选彩叶植物进行环境彩化，在城市特殊的环境中形成了一幅幅有生命的多彩立体画，成功筛选出日本女贞系列、野扇花系列、小叶蚊母系列、胡颓子系列、柊树系列等适合高架桥下生境的 30 多个超强综合抗性植物品种。通过低光照区域立体绿化的灌溉系统稳定性研究，实现智能控制系统、浇灌系统栽培容器和蓄水容器一体化，浇灌系统稳定性提高 20% 以上，新型轻型容器与配套滴灌系统在单次全面覆盖的时间上比传统的滴灌方式也提高了 39.56%。同时也针对城市其他不适合绿化的硬质空间，如屋顶、建筑立面等，经过系统研究，已经总结出《移动式绿化技术》《屋顶花园与绿化技术》《建筑立面绿化技术》《行道树与广场绿化技术》及《城市特殊生境绿化技术》等一系列有关城市生态修复的园艺技术专著，为城市营造更多绿色，也为消减大气污染、缓解城市热岛效应、提升城市绿化科技水平提供了自己的方案。

②生态修复植物的选择与运用技术。

为应对城市化导致的水体和土壤污染问题，植物生态修复组联合加拿大、法国、爱沙尼亚等国学者，联合开发适应上海特大型城市水体富营养化污染和土壤重金属污染的植物修复技术。通过对封闭式景观水体的水生植物调查、植物营养物质分析和水质监测，提出景观水体的生态系统管理、生态驳岸构建和水绵控制等技术，形成基于污染物调控的水生植物管理方案。通过砾石型潜流人工湿地植物筛选、配置和功能评价，确定不同污染负荷下挺水植物的种植规模和污染物去除效率，提出水生植物的配置模式。模拟城市土壤污染的主要重金属种类开展植物栽培试验，筛选出白蜡树、白棠子树、紫薇、盐肤木、接骨木、刺槐、枫香树、构树、山桐子、珊瑚树、柳树、木芙蓉、海滨木槿、夹竹桃、伞房决明等乔灌木具有较强的铜、铅、锌等土壤重金属提取能力；通过撒播木本植物的 5cm 长的繁殖体，开发生物质有机肥覆盖与柳树微插穗定植一体化技术；提出木芙蓉、海滨木槿、夹竹桃、伞房决明的保留 5~10cm 留茬高度、每年 1 次或两年 1 次的萌枝调控技术。发表相关论文和申请技术专利，形成了一系列产业化的植物修复技术体系。

③城市植物生长基质改良技术。

由于长期以来受人类活动产生的各类废弃物以及地下工程的不断扰动等因素影响，城市植物的生长基质相比野生植物，具有土壤无层、土体密实度差、结构不良、养分缺乏且矿渣、建筑垃圾和管道等侵入物多等特点。辰山植物园土壤先天条件差，且建园期间来源不明的客土多，存在大量建筑垃圾，尤其是在"绿环"上，土壤透气性差，积水严重，极大程度上限制了植物生长。辰山植物园的土壤可谓是城市土壤中的典型代表，所以辰山植物园结合自身的土壤改良，探索了城市植物生长基质的改良技术。

通过土壤深翻去杂、添加改良材料、优化排水系统和竖向设计等措施，并就地取材，将修剪下来的树木枝叶通过微生物发酵、腐熟等技术手段处理，开发利用废弃物作为栽培养护基质，很好地改良了植物园土壤的理化性质，土壤质量由 IV 类土上升至 II 类土，植物根系生长旺盛，大大提升了植物的景观效果。土壤改良的同时合理优化了空间布局和植物布局，进一步提升了环境质量，增强了游客游园体验度；合理设置的融雨水收集、强排功能于一体的泵站，既丰富了排水形式，改变了以往单纯依靠重力排水的局限性，又为日后将已收集雨水用作浇灌提供了先决条件，符合可持续发展的基本原则，符合海绵城市的建设理念。已申请发明专利 1 项，并获授权实用新型专利 1 项，发表论文 2 篇，完成 2 项工法建设的编写。

4. 积极服务社会需求

辰山植物园经过十年的发展，积极服务社会需求，在城市绿化、经济植物研究培育、植物生态修复、植物园建设、专业人才培训等方面逐步形成了五大专业服务方向：

（1）为城市绿化收集培育了一大批新优植物资源

辰山植物园目前收集保育了 1.6 万余种（含品种）植物，其中荷花、睡莲、兰花、凤梨等特色植物资源收集在业内占绝对优势，而且收集与研究一体化，为这些植物资源的引种驯化和推广运用奠定了很好的基础，针对观赏花卉的推广应用，辰山植物园力争产学研一体化。例如针对崇明国际生态岛的建设，辰山提出了"海上花岛"的概念，不仅符合崇明生态岛的定位，更根据崇明土壤问题，筛选出了耐盐碱的乔灌草 114 种，如以水仙、鸢尾、月季、石蒜等为主的花卉，建立了球根花卉花期调控和促花技术体系，形成了产业发展技术规范。另外也建立了 12000m^2 崇明东滩花卉栽培示范基地，可在长江流域及以北地区规模推广，市场前景广阔。

（2）为我国重要经济植物的研究培育提供技术服务

资源植物的功能基因挖掘与种质创新研究是辰山植物园的一个特色研究方向，在进行牡丹、甘薯、黄芪等重要经济资源植物研究的过程中，积极对外进行技术服务与成果转化。例如，牡丹因其珍贵的油用价值近年内得到大面积种植，但在产量和管理养护技术方面却成了很多种植户的短板。鉴于此，辰山植物园相关研究团队积极与相关企业合作，为安徽铜陵、江苏启东、山东菏泽等多地油用牡丹的种植和产品开发进行技术服务，初步实现了百万元以上的成果转化。

（3）为城市植物生态修复提出植物配置与管理方案

辰山植物园聚焦能改善城市环境的高效能植物的收集与应用研究，服务于"城市双修"和海绵城市建设，收集可改善景观水体的鸢尾属植物 687 种、睡莲属 300 余种，并提出景观水体的生态系统管理、生态驳岸构建和水绵控制等技术，形成基于污染物调控的水生植物管理方案，为上海金泽水库水质提升、桃浦智创城场地污染土壤与地下水修复工程、浙江诸暨高湖蓄水洪区改造工程提供技术支撑和专业意见，发挥植物修复在城市生态文明建设中的地位和作用。

（4）为植物园和公共绿地建设提供技术指导

辰山植物园积极为宁波植物园、金华植物园等多个地方植物园的建设提供技术指导。从植物园的前期规划到中期建设，辰山植物园不仅热情接待前来取经的植物园同行们，也多次应邀前往实地考察，并给予中肯的意见和建议。随着上海"十三五"规划纲要和上海市第十一次党代会报告宏伟蓝图的设计出台，辰山加速建立健全科技服务体系，智力支持崇明生态岛建设，首次提出"海上花岛"的概念；积极为 2021 年第十届中国花博会、上海郊野公园、世博文化公园、生态景观廊道建设等市级重点重大项目建言献策，为上海建设不断注入"绿色温度"。

（5）面向行业需求开展专业人才培训

辰山植物园充分发挥植物分类学研究团队，及兰花多样性保护研究团队和养护团队之优势，联合中国植物园联盟（CUBG）成功举办了 6 期植物分类与鉴定培训班和 3 期兰花品鉴培训班；与国际植物园协会（IABG）合作，成功举办 4 期植物园管理与发展国际培训班，为亚洲发展中国家培养植物园建设和管理人才 62 人；面向行业培养植物分类和园艺相关人才近 500 人，已成为植物分类、园艺及植物园建设与管理专业人才的培养基地，充分发挥了植物园及时反哺社会的公益功能。

3.2 景观品牌

景观品牌是指参观者对景观展示的理念、内容、形式、方法以及开展的服务等所形成的整体效果的认可程度和综合影响力。对于植物园而言，它是植物园向游客长期提供的具有特定特点的一项服务，具有增值性、特有性和长期性。

3.2.1　植物园品牌景观

每次提到国际知名植物园时，人们总是能够列举出很多园区的特色景观来，例如英国邱园的展览温室、加拿大布查特花园的矿坑花园等。细观这些举世闻名的品牌景观特点，我们会发现它们都有一个共同的属性，那就是一直以来都与社会公众之间有着良好的交流和互动，并赢得了人们的高度认可。

3.2.2　品牌景观的营建与管理

多样性是植物园的灵魂，作为植物引种、收集、展示的重要载体，它不仅具有一些特定的功能和范围，而且在景观品牌的营建上也具有很多特点，例如以植物专类园、展览温室等形式来展示收集的植物，或者以人文历史、生态文化为特点来展示植物的景观等。

1. 以人文历史为背景的植物园品牌景观

这类品牌景观一般都是按照植物园原址的特征，通过"因地制宜"和"适地适景"的原则来打造的，在植物园的建设过程中，这些具有历史意义的建筑、遗址等都被原地保留下来，并结合它原有的历史背景进行人工修复或者再塑造，呈现出兼具原来文化内涵和现代景观面貌的新景点，比如美国长木花园中的杜邦故居、加拿大布查特花园中的矿坑遗址、北京植物园中的曹雪芹故居等，它们反映的不仅是地方的历史文化，体现了强烈的地域特征，更是植物园历史文化内涵的集中体现。

2. 以生态文化为背景的植物园品牌景观

生态文化是指以崇尚自然、保护环境、促进资源永续利用为基本特征，能使人与自然协调发展、和谐共进，促进实现可持续发展的文化。生态文化是人类文明发展的成果集成，是先进文化的重要组成部分，现代植物园中依托生态文化为背景而营建的植物园品牌景观较为普遍，其中最为常见的就是展览温室和植物专类园，这几乎是每个新建植物园的标配设施。

（1）展览温室

展览温室起源于欧洲文艺复兴时期，那时的温室多半是为植物引种服务的栽培和繁殖基地，为科研工作提供科研材料和进行试验的场所，以及皇室或贵族家庭自用的花木培育场所。随着经济、科技以及人类对自然认识水平的提高，展览温室也发生了重要的变革，现今的展览温室不但是植物收集与展示、科学保育与研究的殿堂，也是融合生态与环境、科普与教育、文化与艺术、旅游与观赏为一体的绿色空间。

因此，展览温室是一个多层次、多领域、多水平交叉的学科，它的构建和运行涉及建筑学、园艺学、生态学、美学及管理学等，并最终形成一种由人工控制、展示生长在不同地域和气候条件的植物及其生存环境的室内花园。长期以来，植物园的展览温室已经成为游客心目中最具魅力的地方。造型优美的大型展览温室，如英国邱园的温室和威尔士王妃温室、伊甸园，美国密苏里植物园的网架式大跨度半球形温室、纽约植物园温室、长木花园温室等，都已不仅是植物园这座皇冠上的钻石，而且成为所在城市建筑、文化和文明的标志。在一定程度上，展览温室能够代表一个城市的文化和科学技术发展水平。

（2）植物专类园

植物专类园是指更具地域特点，专门收集同一个"种"内的不同品种或同一个"属"内的若干种和品种的著名观赏树木或者花卉，运用园林配置艺术手法，按照科学性、生态性和艺术性相结合的原则构成的观赏游览、科学普及和科学研究场所（臧德奎，2007）。专类园作为植物园的"园中园"或者一个"区"，是植物园中最吸引人的地方。从植物的资源收集角度上看，它是拥有最丰富种质资源的园区，既是物种迁地保护的基地，又是专科、专属和专类研究的载体。因此，以专类园的形式来营建品牌景观是植物园最常用的做法之一。如德国柏林大莱植物园中的植物地理园、英国邱园的展览温室群、英国爱丁堡植物园的岩石园和杜鹃园等，都达到了观赏与应用、科学与艺术的完美融合。

3.2.3　辰山植物园品牌景观建设

辰山植物园始终以"精研植物·爱传大众"为使命，以紧跟国家战略、服务地方需求为目标，以植物资源的可持续利用研究、公园城市建设、生态文化知识传播以及城市生态修复为己任，将生态文明建设的新思路、新方法贯穿于辰山建设和发展的每一个环节，专类园作为植物展示的形式之一，是辰山助力上海建设"生态之城"和"人文之城"的重要举措。

1. 矿坑花园

矿坑花园是上海辰山植物园的地标性景观之一，位于植物园西北角，通过"绿环"及河边主路与植物园相连，总面积为 4.3hm²，由镜湖、秘园、观花台、深潭和冬园 5 个区域组成。园区以季相分明、地形起伏、景观空间多样、植物种类丰富为特点，形成了悬崖飞瀑、深坑幽潭、镜湖花海等独特景观。

矿坑花园由清华大学建筑学院朱育帆教授设计，立意源于中国古代"桃花源"的意境。这里原是辰山采石场的西矿坑，为了使裸露崖壁在雨水、阳光等自然条件下进行自我修复，设计师因地制宜，在尊重原有崖壁景观真实性的基础上，融入了钢筒、栈道、浮桥、山洞、隧道等元素设施，在生态修复与文化重塑的策略基础上，通过极尽可能的链接方式开发场地潜力，将采石场遗址中的后工业元素、辰山文化与植物园的特性整合为一体，重新诠释了东方自然山水文化。

矿坑花园的种植设计以空间结构为基础，以精细质感为诉求，以科学性、观赏性、科普性为原则，重点收集展示了蔷薇科、石蒜科、忍冬科、锦葵科、马鞭草科、菊科等具有优良观赏价值的乔木、低矮灌木和草本植物 1000 余种。花境则按照英国花园的风格，将植物按不规则斑块配置，以细腻而柔和的色调互相调和，相邻植物的色彩相互衬托渗透，从而形成画境效果。矿坑花园植物空间层次丰富，色彩景观雅致，是人们亲近自然山水、体验采石工业文化的游览胜地。

（1）珍稀濒危植物展示区

长廊位于矿坑花园入口处，长约 50m，良好的土壤状况及半阴环境为珍稀濒危植物的移植、生存提供了良好的环境。是以植物的性状和对环境的喜好为配置基础，兼具物种保存与展示的景观长廊。按照珍稀植物红皮书的名录，筛选并种植具有观赏性、故事性和独特性的珍稀濒危植物。

（2）镜湖区

位于山体与观花台之间的镜湖可将整个辰山倒映其中，是矿坑开发时的残留水体，原有湖水周围被多年生的水生植物、湿生植物包围，封闭的坡岸景观限定了其空间功能，使得矿坑内部景观支离破碎。通过重新规划和设计，湖周围散植高度不超过 3m 的星花木兰，有效减少了山体垂直面带给人的迟钝感。台地和花坛的植物形成对景，空间尺度充分延伸，观赏性显著提高。

（3）深潭区观景平台

深坑是游人进入园区后心理上的目的地，也是园区现存景观质量最高的核心景观区。石壁结合周边自然植物，创造出充满野趣和山水意境的景观效果。入口处本身不具备可供游人停留的水平面，所以观景平台成为该区域中视点较好的观景处，可以观赏到连接东西两坑的浮桥以及深潭飞瀑，是矿坑花园内一个重要的观景地点，游客从浮桥和观景平台相互对视，能从多角度观赏矿坑的人工崖壁开凿遗迹。长期以来，平台的延伸部分岩壁表面较平整无层次，岩石风化严重，水土流失，景观效果差强人意，不能令游客更长时间驻足，功能上无法分流大量进入深潭的游客。对此，除了加强对山体的物理保护措施，在一些能够施工的缓坡，通过增加固土设施拓展种植区域，在观景平台下延的缓坡上种植景观树，崖体上种植了匍匐灌木、观赏草以及耐热耐旱的宿根草本，以此来改善山体的植被分布，吸引游客停留。

（4）观花台——宿根花境

花境（flower border）是指绿地中树坛、草坪、道路、建筑等边缘花卉带状布置形式，用来丰富绿地色彩，一般希望能从春季至夏秋均可观赏的绿地花卉应用形式。应用多年生草花能连年生长、开花，维持景观效果至少三年以上。花境具有季相变化，讲究纵向景观效果。花境的设计已经不再局限于植物材料，很多花境出现模拟自然界的小品设施。在生态环境问题突出的城市，花境对于在城市中长大、缺乏自然环境体验的青少年来说更具有教育意义。矿坑花园在花境的营建上，总体借鉴英国花园的风格，选择当季表现力最佳的植物，将其按不规则板块配置，以细腻而柔和的色调互相调和，相邻植物的色彩、高度、质感相互衬托渗透，从而形成了占地面积800m^{2}以上的具有强烈辰山特色的亮丽花境。

（5）台阶花园

矿坑花园出口处的台阶与观花台相连接，在花园整体水平空间中加入的层次感会给花园别样的美感。合理利用花园台阶不仅能增添功能性，还能为花园的趣味性和戏剧性加分，可谓是一举两得。根据植物各个季节的季相色彩变化，还合理配置了常绿树与落叶树的种类、数量和比例。

（6）荫生花园

台阶花园的延伸段与矿坑花园的入口形成了一条完整的游览路线。上层植物多为落羽杉，自然树木斑驳的树荫让人们从炎热的夏天中解脱出来，愿意在户外度过美好的夏季时光。此时阴地花境搭配成功，会使之比其他区域更加生动有趣，引人入胜，宛若探索深林秘处的神奇体验。中下层植物材料以叶色丰富的小乔灌为主，观花宿根多品种搭配种植，使之各个季节都能平衡观赏。

（7）台地区茶树展示区

矿坑花园西侧上山步道向阳侧及平台处模拟茶树生境，同时配置早春观花植物以丰富景观多样性。通过合理配置，还赋予了此处独有的茶文化内涵和生态人文气息，打造出独特的辰山文化符号。

2. 展览温室

展览温室位于植物园东北角2号门内，是由热带花果馆、沙生植物馆和珍奇植物馆等3个单体温室组成的温室群，总面积12608m^2。建筑形态以"水滴"为设计理念，其平面形状和空间形态与植物园"绿环"的弯曲变化、高低起伏完全吻合，室内采用全方位智能化控制，是植物园进行科学研究、科普教育、园艺展示和生物多样性保护的重要设施。

（1）分区规划

①热带花果馆。

热带花果馆面积为5521m^2，最高处21m，展示主题为"花与果"，由风情花园、棕榈广场和经济植物三个区域组成。馆内以山体作为背景和屏障,有瀑布、水池、涌泉、喷雾等组景,种植了旅人蕉、鸡冠刺桐、霸王棕、鸡蛋花、贝叶棕等植物800余种,其中凤梨科植物450种,凤梨山、凤梨谷、下沉式广场等都是热带花果馆的特色景点,园区通过多渠道专类植物的引种以及自主繁育,增加了展馆植物的多样性。

a. 功能分区。

风情花园运用辰山自己培育的种类进行布展展示,如将直立五色梅、彩叶草、金铃花、蓝雪花等配合色彩丰富的扶桑、叶子花,营造了一个四季有景、时时不同的景观,同时进行各种专类植物展。

棕榈广场以棕榈科植物为主,配上路两边的花灌木以及草花,形成了上、中、下多层次的景观效果。花灌木根据开花的时间及观赏效果,进行及时更换。

经济植物区以果树和其他经济植物为主体,中小型的花灌木作为中层植物进行点缀,最后配上凤梨、地栽的药用植物作为地被进行种植,通过花、叶、果相结合,构成了和谐的景观。

b. 区域景观改造与植物应用。

瀑布区域改造。重塑瀑布区域的地形,利用树桩、山石等作为植物载体,在瀑布区增加了凤梨科、花灌木以及草本植物的种植区域,并且结合功能需求,建造了木质的地板以及座椅,为游客提供了驻足拍照以及休息的场地。

凤梨山的建造。凤梨山的垂直高度约10m,占地面积700m²,是目前国内规模最大的室内凤梨立体景观。配植了彩叶凤梨属(*Neoregelia*)、尖萼凤梨属(*Aechmea*)、果子蔓属(*Guzmania*)、铁兰属(*Tillandsia*)、丽穗凤梨属(*Vriesea*),以及并不常见的奎氏凤梨属(*Quesnelia*)、球花凤梨属(*Hohenbergia*)、长柄凤梨属(*Portea*)、翠凤草属(*Pitcairnia*)等10余个属,总计450余种(含品种),1300余株凤梨科植物。并通过地栽、附生、气生等方式进行展示,其中卷瓣凤梨的花序长达3.05m,创造了世界纪录,壮观的景象让人叹为观止。

凤梨谷改造。置身于幽静的沟谷小道,从地面、岩石缝隙到高高的大树,放眼望去随处可见各种凤梨科植物的身影。这些广泛分布于美洲热带和亚热带地区的植物除了像普通植物一样生长在土壤中之外,超过50%的种类还进化出了附生的习性,它们摆脱了根系对土壤的依赖,可以长在高高的大树上,也可以在岩石、峭壁上正常生活。不过,凤梨有别于其他寄生植物,特别是附生凤梨,它可以自行进行光合作用,是典型的自养植物。

菠萝园。菠萝园共展示了10余个与菠萝相关的种和品种,除了可以食用的品种,还有垂苞凤梨(*Ananas parguazensis*),是果形迷你且可爱的小凤梨;另外还有两个分别与尖萼凤梨和姬凤梨属杂交的属间杂交种。

空气凤梨走廊。依山而建的木质廊架亦亭亦树,成为展示空气凤梨的一处秘境。

这些身披银白色鳞毛的铁兰属（*Tillandsia*）植物是凤梨科植株中最特殊的类群，它们适应了原产地少雨多雾的气候特点，利用发达的鳞毛组织捕捉空气中一切可以利用的水分，而它们的根系仅用来固定，有的甚至已经完全退化。

山洞区域。 根据植物展示需求，在山洞内增加了玻璃框、风扇、照明等设备，为植物提供了种植区域。同时，在玻璃框内通过地形的起伏、山石叠加、树桩的摆设，为凤梨科以及食虫植物提供了展示平台。

经济植物区。 为了适应各类经济植物的生长需求，经济植物区配置了完善的循环风扇以及灌溉系统，并根据经济植物的生长特性进行了土壤改良，改善了植物的生长环境，提升了景观效果。

下沉式广场。 下沉式广场配置了拟美花、夜香树、假连翘等地中海风情的植物，并围绕广场内白色围墙周边配置了应季草本植物、灌木以及单秆扶桑、树桩五色梅、蓝雪花等多种造型植物，形成了独特的景观效果。

②珍奇植物馆。

珍奇植物馆面积为 2767m²，最高处达 16m，展示主题为"植物故事"，以"植物进化之路"为设计理念，讲述植物的生存进化、自然界适者生存、繁衍演化的竞争法则。以溪流喻路，在源头种植最原始的蕨类、苏铁类群，溪水的尽头则布置着高等的兰花、凤梨植物类群，借助溪水的潺潺流淌，预示着植物慢慢的由低等到高等的进化过程。馆内分为生存区和进化区，展示了独木成林、树包石、老茎生花等特色植物景观，种植了桫椤、菩提树、见血封喉等珍稀植物以及食虫植物、蕨类、苏铁、兰花、凤梨等植物 650 余种，其中蕨类植物 164 种、兰科植物 61 种、食虫植物 64 种、姜类植物 38 种、秋海棠 61 种。珍奇植物馆计划在未来增加凤仙科、苦苣苔科、蝎尾蕉科、魔芋属等特色植物，进一步提高馆内植物多样性，并打造一个奇特多彩的雨林景观。

a. 功能分区。

生存区着力表现植物在复杂多变的自然环境下如何演化和生存的故事，细分为食虫植物区、秋海棠区、兰花区、姜科植物区。

进化区主要展示植物从低等到高等演化的各个类群，包含蕨类区、苏铁区、兰花墙。

b. 区域景观改造与植物应用。

珍奇植物馆主要采用自然配置的方式，模拟植物的自然生态环境和植被状况，使植物、峡谷、瀑布、小溪融为一体，创造出郁郁葱葱、生机盎然的雨林环境。

兰花区。 利用荔枝木和藤蔓搭建中层架构，绑扎附生兰花打造空中花园景观。下层通过增加置石、小品很好地与周围景观融为一体，以种植地生兰、秋海棠为主，配合部分花灌木如蝎尾蕉形成了层次丰富、视野开阔的景观欣赏面。同时充分利用此区域的近水优势，打造亲水平台，给游客带来移步异景、品类繁多、层次丰富的热带雨林景观。

秋海棠区。结合土壤改良将以前的平地改为高低起伏的地形，结合火山岩与枯木桩的多样地形地貌，同时为种植秋海棠提供了丰富的植物层次感和观赏面，并配植部分中高型蕨类植物作为骨架和背景植物，为秋海棠的生长提供了生境保障。

苏铁区。通过增加中小规格的苏铁种类，与原有大型苏铁形成了高低错落的层次，丰富了景观。目前种植苏铁20余种，使人们能够更近距离的观赏这种古老植物。

食虫植物区。食虫箱依次利用火山石、石灰石、木桩搭建骨架，分别以猪笼草、瓶子草、捕蝇草为展示主题，配合溪流造雾器使三个食虫箱形成不同的景观特色。在满足食虫植物生境的基础上，使人们能近距离观察到"植物界杀手"的奇特魅力，体验到云雾苔原的景观特色。

蕨类区。用树皮包裹通风管道，弱化原有硬质景观，并在上面附生不同种类的鹿角蕨，形成立体观赏面，结合部分蕨类特性搭设木桩供附生蕨生长。种植高大蕨类如笔筒树、桫椤等，配合置石种植苔藓形成高低有致、生境多样的蕨类景观。同时结合蕨类植物的时代特点安放了仿真恐龙，使人们仿佛置身于恐龙时代，从而提升了景观和主题特色。

姜科植物区。高大的姜科植物和蝎尾蕉植物形成了良好的背景景观，再在前面种植颜色鲜艳的观叶植物，形成高低搭配、前后错落的雨林特色景观。同时，以火山石打造小山体，种植部分冬季休眠姜科植物，丰富了植物景观，也便于后期养护更换。此外，预留小片面积作为观赏站立区，使人们可以近距离接触观赏这些雨林植物。

③沙生植物馆。

沙生植物馆总面积为4320m²，最高处达19m，展示主题为"智慧用水"，展示沙漠干燥炎热的气候下形成的拥有独特器官或特殊外形的沙生植物。馆内以不同的石材为基质，着力表现与澳洲、非洲和美洲较为近似的原生环境，展示了大戟属、芦荟属、裸萼球属等植物类群1122种（含品种），重点表现了在不同旱生环境下植物本身的适应能力。作为华东地区最大的室内沙生植物展示区，馆内拥有极具特色的异域风情，已经成了一些服装品牌和游客的打卡地；同时，沙生植物馆也是我园技师工作室园艺布展形式创新的集中展示区。

附生仙人掌区。通过膜制隔断，加装喷雾及降温设施，将馆内温度高及通风不畅的顶部区域重新规划布局，形成迂回的通道；利用墙体及树桩作为种植载体，将球兰、附生兰和附生类仙人掌等多种类植物共同配植，形成了与沙生植物馆总体干燥、高温的大环境完全不同的冷凉湿润的附生植物种植环境，让游客能感受不同的生境及植物之美。

玻璃柜种植区。打破原有平面盆栽摆放的布展模式，利用山石及枯木桩的堆叠，在玻璃柜小区域形成高低起伏的地形，从立面扩充植物种植区域，让番杏科、十二卷属、景天科等小型多肉植物得到更多数量的展示。

下走道种植区。 将原有两侧铺有树皮的路面进行深挖换土，新增种植区域，种植较为耐阴的芦荟属、虎皮兰属、十二卷属植物，廊架及岩缝用球兰及令箭荷花属植物填充。百岁兰也从原本的单株盆栽种植变成更贴合原产地生长环境的铺地形式。

美洲沙漠植物区。 沙漠凤梨与仙人掌及龙舌兰搭配形成了特点鲜明的荒漠景观。

非洲植物种植区。 芦荟属植物与大戟属植物高低搭配，前后错落，满足了丛生植株与单株展示的需要，同时也是专类植物引种驯化成果的集中展示区。

澳洲植物种植区。 利用木桩堆叠原有的通风管道外部进行覆盖及美化，新增立面种植区；并通过一系列的雕塑景观，如金属和木材雕刻的鱼摆设，将生命起源的故事线（海洋—陆地—人类）在沙生植物馆内串联。

（2）温室植物专题展览

作为园区花卉展览的重要展示区域，温室在国际兰展、月季展、国际睡莲展、秋季瓜果展等大型展览中都布置了主要景点，同时打造了高山杜鹃展、多肉植物展、凤梨展、球宿根展、圣诞花展、热带瓜果展、三角梅展等温室植物特色展览。其中高山杜鹃展运用20多种高山杜鹃设计出多重景观层次，在寒冷的冬季通过展示高山杜鹃花园发展的过程和缤纷的色彩变化，带给人们不一样的观赏体验，成为春节期间的重要花展之一。夏季的热带瓜果展上，配合展馆内的果树，种植展览了南瓜和热带水果，除了瓜果的色香味等感官感受，人们还可以欣赏丰富多彩的花果景观，同时体验瓜果丰收的快乐。

（3）辰山植物园展览温室未来展望

①打造四季有景的温室景观。

温室景观不仅需要满足游客观赏的基础需求，同时也是营造不同展示风格、塑造多样文化的重要组成部分。未来珍奇植物馆内计划增加凤仙科、苦苣苔科、蝎尾蕉科、魔芋属等特色植物区域，不断探索植物生长规律和多元化布景风格，提升景观内涵，发掘热带植物文化和特色。此外，还将在原有景观基础上继续增加特色景点数量和观赏点，满足游客需求，同时将探索不同特性的热带植物在景观中的配置模式，为游客呈现一个奇特多彩的雨林景观。

②植物多样性提升。

植物多样性是植物园展览温室的灵魂，也是展览主题的最直接表现。因此，加强植物多样化研究，不断丰富植物园展览温室的植物种类是植物园的历史使命，也是今后的首要任务。加强植物多样性，一方面要加强国内一些野生植物的保护、开发和利用。另一方面，应有意识地去收集和保护专科专属特色植物及珍稀濒危植物种类，进行迁地保护研究。未来将重点收集姜科、蝎尾蕉科、兰科、秋海棠科、凤仙科、天南星科、苏铁科、苦苣苔科、蕨类、食虫植物，以丰富展览温室的植物种质资源，从而进一步提高区域植物种类的多样性。

③热带植物科普教育基地。

植物科普是提高国民科学素质必不可少的关键环节，辰山将继续挖掘植物文化、收集植物故事、增加科普展牌，同时在展览展示热带的珍奇植物以外增加生活中接触的香料，及食用、药用等热带植物展示，如姜、草果、豆蔻、蕨菜、石斛、天麻等，让植物科普更好地融入生活。

3. 月季园

月季园又称月季岛，占地面积约 $6000m^2$，现已收集树状月季、香水月季、丰花月季、大花月季、藤本月季、微型月季等各类资源 400 余个品种，全园以月季构成园林主题，从月季的色、姿、味、韵等方面，通过孤植、丛植、片植等配置形式，展现了月季的视觉美感和文化内涵，同时承载了收集月季品种、保存月季种质资源、培育和推广优良品种、观赏游憩、科普教育、传播月季文化和科学研究的多重功能，是辰山植物园最重要的专类植物展示园之一，也是华东地区收集月季资源最丰富的专类园。

（1）规划理念

月季园以月季花的寓意——爱情为主题线索，形成初见、相识、相知、携手、相望到相守 6 个相对独立的景观分区。通过运用月季花这一植物材料的不同配置与景观搭配，营造了一个完整的爱情情感历程，分别表达了邂逅时的惊喜、相识时的含蓄、相知时的热情、携手相走时的谨慎，以及风雨历程过后相望时的轻松，终到相守时的宁静 6 个方面的情感变化，充分展现出月季在人生不同阶段——少年、青年、中年、老年——所赋予的爱情魅力，同时也表达出人与自然、月季与人、月季与生活的相互关系，以及辰山植物园以人为本和爱传大众的植物布展理念，在丰富主题的同时不断提升科学内涵。

此外，温室区域建有 $28000m^2$ 的月季品种展示园，园区以简洁的线条、整齐的欧式种植池展示另外的 400 多个品种，营造出热闹纷呈和气势宏大的氛围，同时也寓意着爱情最终的收获——花开满园。

（2）园区特色

①以"爱"为主题，充分挖掘月季象征的文化元素。

在表达爱情故事、爱情历程、爱情收获的同时，自然表达出了月季与人、人与生活、人与自然的关系，展现了爱生活、爱自然、爱人生的主题思想。整体游览线路的核心思想以及月季岛中爱的体验故事充分表达了一种人生的感悟。因此，辰山月季园的设计不仅充分挖掘了月季象征爱情的文化元素，同时也赋予月季花展深刻的文化意义，贴近生活的同时又强调了趣味性、参与性和教育性，使游客懂得了如何欣赏自然和珍爱生命，以及认知园艺和园林科学，表达出辰山植物园"精研植物·爱传大众"的核心理念。

②布置手法灵活多样，充分展现月季在景观营建中的丰富性。

月季园无论在布置形式还是布展手法上都显得灵活多样、收缩有致。布置的形式上有规则式、自然式、混合式，手法上有主景与配景、借景与框景、前景与背景，有冲击与缓冲、均衡与稳定、尺度与比例、立体与平面，虚实对比四时借景。构成元素上有地形、水体和拱桥，让游览者从穿越爱的长廊，途径爱情小岛，体验爱的故事，感受相识之萌、相知之情、相许之美到最后的花开满园。

③内涵丰富，充分展现月季在生态文化传播中的作用。

植物园共收集展示了杂种香水月季、灌木月季、微型月季、藤本月季、丰花月季、树状月季等880个品种，无论从布置理念、展示规划、景点设计上，还是从展区布置、花材的应用上都显示了月季在景观、文化方面的深刻内涵。其次，园区通过编撰月季手册、制作月季铭牌、讲述月季故事、展示月季与生活的关系，向大众充分展示了月季的文化内涵，并以爱情邮局、爱情小屋、爱的乐园等一系列科普宣传活动使得科普教育更加人性化、科学化和趣味化。

④品种丰富，打造了一处国内最全欧洲月季品种展示基地。

宜人的水果清香、可爱的包菜形状，花瓣数量多达100片，花直径在10cm以上……这些都是欧洲月季的标配。辰山月季园内展出欧洲月季280余种，其中，有经典品种'龙沙宝石''红龙''艾拉绒球''花园之梦''慷慨的园丁''奥尔布莱顿'等等，还收集展示了68个趣味品种名，涵盖食品、卡通、人名、建筑、生活和动物等六大类。'玛利亚泰丽莎'和'安妮公主'带领游客走进童话世界；'安尼克城堡'和'格罗夫纳屋酒店'如同打开了城堡大门；'蜂蜜牛奶'和'火热巧克力'让人垂涎欲滴。其中，'拿铁咖啡'和'失忆'的花瓣颜色近咖啡色，俨然像永生花，十分特别。

4. 蔬菜园

辰山植物园蔬菜园位于辰山南侧，中心专类园区东北部，总面积约18500m²，收集了各类蔬菜约40种400个品种。园区在不破坏整体设计和布局的条件下，保留了原有4个园子的形式。4个独立空间的花园都拥有适宜的体验区，并以不同的主题来命名，分别为缤纷菜园、特色菜园、休闲菜园和藤本菜园。

缤纷菜园位于辰山山体南面，蔬菜园最西面，总面积约4400m²，共收集各类蔬菜约20种，园区以50余个不同色彩的蔬菜品种体现可食用景观。重点展示了叶色多变的罗勒、苋菜、棉花；茎秆色不一的茴香、莙荙菜、莴笋；花色不同的秋葵、洋蓟、花椰菜以及果实多彩的辣椒、毛酸浆、茄子等。

在景观配置上，缤纷菜园以展示观赏蔬菜的品种多样性为主，同时搭配鼠尾草、菊苣、万寿菊、芙蓉等色彩艳丽的食用花卉作为衬托，通过相互间不同色彩、高度和体量的合理配比，打破了原单一色彩的蔬菜种植形式，形成了蔬菜与花卉的混合式搭配，进一步提升了蔬菜的观赏价值，让人耳目一新。

特色菜园位于辰山山体南面，西邻缤纷菜园，东接休闲菜园，总面积约7500m²。蔬菜的季节性较强，因而特色菜园分为暖季节和冷季节来展示不同的蔬菜。

暖季节（6月～10月）以各式各样的茄科植物为主要特色，共种植了14种近200个品种的茄科植物，如辣椒属、茄属等。无论从科学的角度还是经济文化角度，茄科植物在植物界具有举足轻重的地位，而在日常生活中更是人们离不开的食物。

冷季节（11月～次年5月）以经济价值较大的十字花科植物为特色。主要集中收集芸苔属（如甘蓝）和萝卜属（如白萝卜）的15类近40种植物。在万物凋零的冬季，十字花科植物占据了半壁江山。十字花科植物以较高的食用价值和药用价值逐渐引起了人们的重视。

休闲菜园西邻特色菜园，东接藤本菜园，总面积约4400m²。休闲菜园以打造蔬菜科普教育基地为特色，让青少年认识、了解蔬菜。

由于长期生活在高楼连绵，偶尔的绿地、公园，田园却极为少见的现代城市，植物生长的状态与人们的生活渐行渐远，潜移默化地加大了人们对食物来源的浓厚兴趣。休闲菜园主要根据蔬菜食用部位不同（如观根、观叶、观花、观果等）和功能不同（如餐桌蔬菜、芳香蔬菜、药用蔬菜等）进行科学的展示，让人们进一步了解植物的生长习性和不为人知的蔬菜文化。

休闲菜园以植物为基础，以景观烘托气氛，使人们与蔬菜零距离接触。此外，进一步增进家庭、团队之间的情感交流，并体验劳动的快乐，让人们再一次感受到融入自然、回归自然的乐趣。

藤本菜园位于蔬菜园最东面，西与休闲菜园相邻，总面积约2200m²。藤本菜园以展示藤蔓蔬菜的品种为特色，共收集展示了约20种60个品种的藤本类蔬菜品种。主要展示豆科、葫芦科中可食用的一年生藤本植物，以及山药、西番莲、白木通等多年生藤本植物。

在空间环境设计上，藤本菜园的中心配置了锥形、球形和门形的竹藤架，并在园区东面建有供人们休憩的平台，搭配长廊的藤架，形成了多层次的立面景观空间。在植物配置上，园区重点应用了球宿根植物，增加了地平视线上的可观赏性，同时搭配藤本花卉，既丰富了平面和立面上的色彩，又填补了藤本蔬菜枯萎期的景观效果。

（1）规划理念

通过从国内外引种各类新、奇、特的观赏蔬菜，同时将花卉和蔬菜巧妙地组合，将原有朴素的蔬菜园打造成赏心悦目的美味花园，让菜园渐渐向花园蜕变，形成可食用的"景观"。起初，大蔬菜园以蔬、果和花相结合，围绕"蔬果花园"的主题，将其初步分为田园蔬菜区、新品种展示区、采摘活动区和休闲蔬菜园区4个区域，并通过条带种植、"一米菜园"、藤架种植、棋盘式种植等丰富种植形式。同时，增加参与度和体验度，结合植物的观赏性及趣味性，使这样一个科普教育活动得到进一步完善，人们可以在这里认识、了解蔬菜，感受种植采摘收获的体验，以及增进家庭、团队的情感交流，体验自己动手劳动的快乐，让游客融入自然，回归自然！

（2）园区特色

①特色植物形成专题展。

辰山栽培了曾先后获得世界最辣的"辣王宝座"的辣椒品种，如印度鬼椒、特立尼达蝎子、'卡罗莱纳死神'辣椒。其辣度从100万斯科维尔到200多万斯科维尔，而我们平时生活中辣椒的辣度只有几千斯科维尔，可想而知世界辣王们的辣度。因而，每年辰山秋韵，打造辣椒专题成了固定节目，给游客带来了无限惊喜和乐趣。同时，每年举办固定活动——"辣王争霸赛"，味蕾和视觉的悄然邂逅成为游客和媒体的关注焦点。此外，经过品种筛选，在技术上克服难题，使辣椒顺利在室内越冬，并作为多年生的辣椒树首次在辰山辣椒展亮相。

在辣椒品种收集中，主要以辣椒的栽培品种群为目的进行收集，如辣椒（*Capsicum annuum*）、黄灯笼辣椒（*Capsicum chinense*）、浆果状辣椒（*Capsicum baccatum*）、灌木状辣椒（*Capsicum frutescens*）等。同时还引种了荣获英国皇家园艺学会花园优异奖（Royal Horticultural Society Award of Garden Merit，简称"RHS AGM"）的辣椒品种。

自1922起，英国皇家园艺学会就开始授予园艺植物（包括树木、蔬菜和装饰植物）AGM的标志。专家们对园艺植物进行阶段性的试验，细心观察他们的生长适应性、果实形状和颜色的稳定性、抗病虫害能力等方面后做出评估，选择出适合各种花园的园艺品种。城市菜园引种了这些优异的辣椒品种，如'忧郁之子'辣椒、'匈牙利热蜡'辣椒、'玻利维亚彩虹'辣椒等。

②蔬菜彩化景观。

缤纷菜园在景观配置上，从原本单一的蔬菜种植方式转变为蔬菜与花卉的混搭，采用蔬菜与花卉的色彩、高度和体量的合理搭配，以花境的方式营造出一片五彩缤纷的景观，使人赏心悦目。其夸张鲜艳的色彩直接映入眼帘，如红色叶片的'红色叶状'棉花、粉色花朵的'粉色'黄葵、黄色叶片的'三色极光'苋菜、橙色花朵的圆叶肿柄菊、蓝色花朵的菊苣、紫色果实的'紫色'毛酸浆、黑色果实的'黑珍珠'辣椒等。从果实、花、叶到茎干有着丰富多变的色彩，颜色和植物搭配上的大胆尝试将花园融合成调色盘。休闲菜园则选择适宜各季节的观叶、观花、观茎、观果、观种子等蔬菜品种，并以高低错落、色彩搭配的设计原则，来装饰整个园子。

③"新奇特蔬菜"收集。

蔬菜园中的植物兼有可食性和可观性，除了展示普通的蔬菜品种外，还引种了不少夺人眼球的"新奇特"植物，比如紫色似蛙蛋的'泰国紫蛙蛋'茄、拇指般大小的拇指西瓜、手掌长度的迷你胡萝卜、红色珍珠般的'迷你'番茄、像极人脑纹路的'7锅人脑'辣椒、黑珍珠似的'黑珍珠'辣椒等。

④蔬菜品种多样化。

城市菜园以丰富的植物种类和品种为根本，以形成一定的色彩视觉效果为核心，依照因地制宜的原则，选择适合上海生存、符合每个区域主题的可食用植物，同时收集国内外具有观赏价值的可食用植物。比如特色菜园收集的是各式各样的茄科植物，无论从科学的角度还是经济文化角度，茄科植物在植物界都可谓占据举足轻重的地位，在我们的日常生活中更是人们离不开的食物，如番茄、辣椒、茄子、土豆、酸浆，以及人参果的野生种——野瓜茄等。据2018年统计，共种植了6个属14个种近200个品种的茄科植物，除了可食用的，还有较高观赏价值的曼陀罗、花烟草、毛茎夜香树等。至2018年已经增加到74个种544个品种，其中辣椒的品种数量也从21个增加到500余个。

3.3 展览品牌

3.3.1 品牌花展

植物园举办花展，已成为国内休闲旅游热潮中备受关注的亮点之一，多年来，植物园花展经历了从无到有，从有到精的发展过程，并且从早期的单一品种展示，发展到如今的展示种类日益繁多，表现形式不断丰富，春夏秋冬四季相连，室内室外相互结合的繁盛局面。而植物园依托举办花展不仅提高了其知名度和美誉度，更是通过塑造品牌花展来营建精品园林，还能进行植物科普和文化宣传，打造了很多深受公众喜爱的生态文化品牌。

3.3.2 品牌花展的建设

如果谈到国外的经典主题花展，就不得不提荷兰的库肯霍夫公园，从1949年开始举办郁金香花展至今，库肯霍夫公园走过了60多个年头，每年花展期间都能吸引80~100万人参观，库肯霍夫公园郁金香花展已从最初单纯为花农提供品种展示的平台，发展成为全球知名的旅游品牌，不论是布展形式、种植水平、品牌宣传还是国际影响力都首屈一指，郁金香花展之所以能每年吸引那么多人参观，是因为每年都有创新。

所以，对于植物园而言，创新是花展水平不断提升的原动力，不断拓展花展内容和创新形式是花展走向成功的关键。而环境和植物资源是其源源不断的优势，植物园要充分利用自身优势，把花展办得有声有色，在提升社会价值的同时，实现从资源到资产再到资金的转化。

当然，除了创新，很多现代化的技术措施和因素也至关重要。比如荷兰在郁金香的品种培育和栽培技术方面的水平都是世界领先的，由此产生了一大批生产企业，通过提供大量品种，使花展本身又成为郁金香品种的大聚会，拥有持久的生命力。这背后需要过硬的科学技术支撑。

其次，花展必须和文化紧密结合，一个具有文化内涵的主题，可以使展览具有可观、可读、可品的深远意义。比如 2008 年库肯霍夫公园在展览中引入了奥运会主办国中国的元素，这种文化元素体现在花展的每个细微之处，包括花与雕塑、园艺小品的景观布置等。这种结合时下潮流的创新做法，不得不说是吸引游客的点睛之作。

成功的花展除了融入科技和文化之外，关键还要注重精细化管理，无论从规划、设计到种植、维护，花展的每个环节都要做到精细化养护管理。国内一些花展往往只追求规模宏大，却忽略了后期的精细化管理。反观国外在这方面的做法，正是需要我们学习的地方。

3.3.3　辰山植物园品牌花展

花展是以花卉为主要内容，集中展示各类花卉的形态特征、栽培水平、造型技艺、园林艺术、文化内涵的一种园艺和植物展示方式。上海辰山植物园自 2010 年开园以来，先后举办了上海国际兰展、上海月季展、食虫植物展、睡莲展、凤梨展、球兰展、八仙花展、鸢尾展、芳香植物展、蕨类植物展、多肉植物展等数十个花展，一方面向社会公众普及了各类植物知识，宣传了植物文化，引导市民热爱植物、保护植物，实现植物与生活、植物与音乐以及植物与艺术等多元文化的交融，将文化效应转化为社会效益和经济效益；另一方面，在花展这个平台上，辰山通过交换、购买、获赠、引种的途径，极大地丰富了园区植物收集种类，提升了物种收集的速度。

正如《达尔文植物园技术手册》中叙述的那样："好的花展不仅能够美化城市环境，促进第三产业的发展，更有利于推动植物园实现物种收集的目的"（E. 莱德雷，2005）。而辰山花展独具一格的办展模式、精彩纷呈的科普活动、开放活跃的学术氛围、充满活力的创新团队更是吸引各方参与花展的源动力。一届届成功的花展其意义远远超过了花展本身，热闹的花展背后，沉淀下来的除了丰富的文化和深厚的友谊，还有宝贵的物种资源。

1. 上海国际兰展

（1）历届国际兰展概况

2013年，首届上海国际兰展在辰山植物园举办，一经展出，赢得了社会公众的一致认可。其实，早在2012年，辰山植物园就已举办过上海热带兰展，作为首届上海国际兰展的一场预展，热带兰展无论是在展览规模上，还是展览形式上，都按照国际化的办展模式和布展标准举办，布展期间，邀请新加坡等地的兰花专家现场指导，为举办上海国际兰展积累了丰富的办展经验。

与首届国际兰展相比，2014年第二届上海国际兰展展示规模更大、精品更多、参展面更广，参展国几乎囊括了当今全球兰花界第一梯队中的大部分成员。整个展览以独特的主题、奇特的构思、多变的造景手法和精湛的布展施工技术吸引了众多国内外游客前来观展，真正为公众奉献了一场兰花视觉盛宴。

2016年，第三届上海国际兰展以更加贴近百姓生活为理念，从兰花的食用、药用、工业价值等用途着手，向公众展示了兰花与人类衣食住行之间的关系，展览也从最初的规模化、视觉化展示，开始向精致化、生活化转变，展览主题更加贴近百姓生活，仅"五一"当天，就迎来了7万多游客，取得了良好的社会效应。

2018年，第四届上海国际兰展把关注点聚焦在了珍稀濒危兰花的保育与文化表达上，如果说前几届兰展突出的是兰花与人类物质生活之间的关系，那么第四届兰展突出的则是兰花的可持续发展与精神内涵，同时在景点的展示中，加入了更多的人文情怀。例如，布置在热带花果馆中的代表上海的景点以"植物方舟，播种希望"为主题，采用种子瓶和船形兰花盆栽布置的景点，既表达了对复旦大学钟扬教授的深切缅怀，也是向所有植物科研保育工作者们致敬。

此外，在检验检疫部门的大力协助下，许多难得一见的国外珍稀兰花品种也亮相第四届上海国际兰展，而且，由辰山自主培育的兰花新品种 *Angraecum* SAJVOL Base 也于本届兰展首次与游客见面，作为达尔文兰（*Angraecum sesquipedale*）的后代，在上海这样的气候环境下，能同时看到来自非洲热带地区彗星兰属的原生种和新品种，实属不易。

（2）主要做法

①创新布展形式，打造特色兰花展区。

在热带花果馆、珍奇植物馆、沙生植物馆三个单体温室内，打造室内精品兰花个体及景点展区。同时在华东区大草坪、一号门大厅打造室外兰花展区。通过地面延伸至空中如曼妙华尔兹的呈现方式，结合灯光以及造景来营造整体氛围，打造创意独特、形式新颖的兰花花艺展区。

②强化氛围营造，呈现绚烂花海景色。

除主要兰花展区外，辰山运用园内缤纷花桥、主题花境、迎宾大道、绚丽花海等景观，结合同期盛开的春季花卉，打造层次多变、品种多样、内涵丰富的特色景点，营造展览氛围。

③增强活动内涵，注重游客参与互动。

一是召开学术研讨会。召开以"基因组时代兰科植物的保育研究与创新利用"为主题的第四届上海辰山国际兰花研讨会，邀请国内外科研机构和高等院校等专家学者作交流报告，探讨如何在兰科植物野生资源面临严重破坏的情况下，对其进行有效保护与合理利用，以及在基因组研究飞速发展的新时代下，兰科植物基因组研究的进展与面临的挑战。

二是举办兰花培训班。举办以"兰科植物鉴赏与评审"为主题的兰花培训班，邀请国际知名兰花专家集中开展专业知识培训和现场评审培训，进一步提升兰花专业人士及兰花爱好者对兰科植物的鉴赏和应用。

三是开展兰花大讲坛。花展期间，邀请兰花专家，紧紧围绕兰展主题，分别开展文化大讲坛以及园艺大讲坛，带你走进美轮美奂的兰花世界，探索世界各地的珍稀兰花。

四是评选冠军兰花。组织国内外知名兰花评审专家对参赛兰花作品进行评审，获奖兰花将在精品兰花展区内进行集中展示。

五是开展兰花自然笔记科普活动。花展期间，邀请自然笔记专家现场教授孩子如何发现兰花的美。通过仔细观察兰花的特征，用手轻轻触碰兰花的质地，用鼻尖辨别兰花的芬芳，让孩子们充分了解兰花植物的特性，来描绘出一幅独一无二的兰花自然笔记。

六是寻找"兰精灵"。花展期间，在主要兰花展区结合标识标牌设置二维码活动点标，游客关注辰山官方微信，根据活动指示内容自行定向游园拓展，完成收集"兰精灵"的任务后，可至游客服务中心免费领取精美文创品。

④关注游客需求，提升兰展配套服务。

搭建美食市集，向游客提供餐饮配套服务。兰展期间，在园内开设美食市集，引入若干品牌餐饮企业，为游客提供餐饮配套服务。

同时，增设兰花市集，向游客提供购物配套服务。兰展期间，开设兰花市集展销区，向游客售卖各类兰花相关花卉、盆栽、特色文创品等。

⑤加强跨界合作，实现品牌效应叠加。

跨界合作是营销的趋势，也是辰山植物园举办花展提升品牌的捷径。辰山根据自身优势，错位办展，通过与新民晚报、时代报等企事业单位的深度合作，进一步发挥各自优势，把专业的事情交给专业的人去做，共同推动辰山花展品牌，取得了1+1>2的倍增效应，实现双赢。

2. 上海月季展

（1）月季展概况

2015年，辰山植物园首次举办了以倡导和传播月季文化为宗旨的月季展，本届展览也是国际月季展的一场预展。2017年，首届上海国际月季展正式举办，并每逢单年举办一届。展览重点利用与月季有关的历史、艺术等文化元素，以个体展示、组合盆花、切花艺术、景观营造的展览形式，表现月季色、形、新、奇等艺术特点和生物学特性，同时通过简洁的线条、整齐的欧式种植池、丰富多彩的品种展示区、色彩斑斓的大花园等种植模式，集中展示树状月季、藤本月季、香水月季、丰花月季、微型月季等不同类型月季的自然和人文价值，表达了人与自然，月季与人、与生活的相互关系，是沪上最具影响力的花展活动之一。

（2）主要做法

①分类分区展示。

根据月季分类的不同，园区在一号门广场、月季岛、温室等区域，分设树状月季展区，精品月季展区，月季园艺展区，藤本月季展区，新、名优月季展区，微、小型月季展区六大展示区，每个区域均有特色品种和主要景点展示。同时深度挖掘月季文化内涵，通过展板、主题景点等形式，展示了月季与人类之间的唯美故事。

②开展主题活动。

一是草地广播音乐会。每年月季展期间，都恰逢辰山草地广播音乐节举办，辰山与上海广播电视台东方广播中心牵手，以浪漫爱情演出曲目为主，为市民游客奉献了一场场高品质的音乐盛典。

二是举办玫瑰婚礼。一个盛开着玫瑰的婚礼场地是每个女孩的梦想。在绿色剧场南面，以爱情、浪漫为主题，布置西式婚礼主题互动景点。通过月季艺术展示等形式布置"婚纱T台""玫瑰马车""玫瑰拱门""玫瑰花池""爱心花墙"等景点，营造出梦幻、华丽又具有自然气息的草坪婚礼，打造浪漫爱情谷。同时定期举办婚纱走秀、婚纱拍摄等主题活动。

三是开展交友活动。月季是爱情的象征，月季展期间举办千人单身男女交友派对活动，为都市单身男女提供一个互动、交友、赏花、休闲的平台。同时与各企事业单位合作，承办专场交友派对。

四是举办摄影大赛。月季展期间，正逢春季百花盛，同期举办以月季为主题的"辰山印象——四季摄影大赛"春季专场活动，进一步扩大上海月季展的影响力，提高春花秋乐活动品牌的美誉度。

五是举办学术研讨会。邀请行业内相关专家、学者等开展月季学术交流及研讨，进一步推动月季科学研究及产业发展。

六是开展园艺大讲堂。以月季为主题，为市民游客免费提供家庭月季园艺栽培、月季插花等讲座。

3.4　科普文化品牌

随着快速推进的城市化进程，人类社会面临着日益严峻的自然环境危机，以及人类心灵与自然日益疏远的社会心理危机，"自然缺失症"成为全球化时代人类共同的现代病。"植物园是生命世界的橱窗，也是人们与科学见面的场所，进行科普传播工作是植物园的重要使命。"著名植物学家海伍德（Heywood，1987）曾经如此描述植物园科普的重要性（黄宏文，2017）。植物园每年吸引着 2 亿人次的参观者，不仅在植物多样性保护中承担着重任，而且在对公众进行"拯救植物就是拯救人类自身"的科学知识、科学方法和科学思想的教育方面，发挥着不可替代的作用（许再富，2017）。

植物园的特色品牌建设是国内外各个植物园的重点工作。由于所处的地理位置差异和目标定位不同，国内外不同的植物园在长期的错位发展中，逐渐形成了不同的特色资源优势和科普品牌。

3.4.1　科普品牌建设

一般说来，植物园主要通过科普活动、科普展览展板、科普网站及科普视频、手册图书，以及衍生的各类科普产品等多种形式进行线上和线下的科学传播，每种科普形式都有各自的优点，如图书、网站、多媒体、手册、展板等物质科普形式，具有永久保存、可拥有性、可随时取阅、可保证知识准确传播等特点，而科普讲座、导赏和各种互动体验活动等非物质科普形式，具有定制性、重视个人体验等特点。这两大类科普形式对于科普品牌建设都具有极为重要的意义。

植物园的科普为公众科学传播，科普受众极为广泛，不同年龄、不同文化层次以及不同生活方式的人们有着极为不同的需求。植物园科普必须根据公众的真正需求，结合各自园区的人才资源和自然资源优势策划开发符合公众身心特点的科普课程和互动体验内容，通过丰富多样的表现形式向公众传播科学理念，培养科学情感。

近年来，儿童"自然缺失症"已经引起了国内外植物园、相关机构及公众的普遍关注。儿童对绿色空间的探索将更有利于儿童的身心发展，提高儿童的认知能力（Dadvand 等，2015）。早在 2000 年召开的第一届世界植物园大会上，通过营建特殊的人工花园来吸引和满足儿童需求的议题吸引了参会人员的极大热情和兴趣，掀起了植物园儿童园建设的热潮，美国莫顿树木园、美国汉庭顿植物园、新加坡植物园等先后建设和开放儿童园，使得游客量增加了一倍，越来越多的植物园已经或正在筹建儿童园。儿童园的建设不能局限于"沙坑＋滑梯"的简单游戏设施模式，应该根据儿童的身心特点设计建设儿童活动环境，将娱乐空间、景观环境和科普活动融于一体，打造多功能的儿童自然乐园，儿童园的建设与发展将成为国内植物园的重点努力方向。植物科普工作者不仅是普及植物知识的"校外辅导员"，更是带领孩子们重回自然世界的引路人。

植物园不仅是保存种质资源的"诺亚方舟"，更是联系人类心灵与自然的纽带和憩园。但研究表明，人们对植物园植物保护的兴趣会低于人们对野生动物园、博物馆、水族馆以及野外探索活动的兴趣（Roy Ballantyne et al.，2008），各家植物园需要结合自身特色和资源优势，创建各自独特的植物科普品牌。

3.4.2　文化品牌建设

植物园为日益繁忙的都市社会提供了美丽恬静的休憩场所，在人类社会与人类赖以生存的植物资源之间建立了更感性的联系，成为普及各类环境问题、呼吁公众关注的绝佳场所。新型的植物园应该具有科研、教育、娱乐、经济和文化这五大功能。作为时代政治产物和地域文化载体，植物园或多或少都体现了这五种功能，同时也折射出地域民族的意志和兴趣（胡永红等，2017）。各家植物园应该结合所处的地域和文化背景的差异，创造不同的文化品牌，在实现植物园的休闲娱乐功能的同时，也共同提高公众的科学文化素养。

3.4.3　辰山植物园科普文化品牌建设

伯恩德·海因里希（Bernd Heinrich，1997）在 *The Trees in My Forest* 一书中指出，"对我们来说，无法识别的事物就等于不存在。"植物不会说话，植物园工作者需要做好公众与自然联系的纽带，关注游客的切身感受，做好植物代言人，将科学的语言通过科普设施、展板、活动、音乐等多种形式表现出来，引导公众感悟自然（何祖霞，2018）。

辰山是一个年轻的植物园，尽管起步较晚，但定位较高，无论是园内优势资源的整合、科普团队的组建、培训，还是科普工作要求，都向着世界一流植物园的目标奋进。

以"精研植物·爱传大众"为使命，辰山植物园注重园内科普设施建设，优化专职科学传播队伍，以园内科研人才优势和特色园艺资源为依托，每年策划实施不同系列的互动体验式自然实践活动，努力向公众弘扬科学精神，传播科学知识，培养科学情感。经过十年的努力，逐渐形成了具有辰山特色的科普文化品牌及特色科普产品，先后被评为全国优秀科普教育基地、全国中小学生研学实践教育基地和全国自然教育基地，成为国内外科研科普交流学习的重要平台和公众了解自然的绝佳窗口，正逐渐得到国内外的广泛认可。

1. 儿童自然教育体系构建

儿童具有较强的好奇心和可塑性，是接受科普教育的最佳时段。辰山植物园以青少年儿童为重点科普目标群体，不断完善儿童科普设施建设，原创策划科普教育课程和实践活动，形成了国内独特的儿童自然教育体系。

（1）儿童科普设施的改造提升和完善

形成了由儿童园、小小动物园、勇者之路攀爬网、空中藤蔓园、树屋、海盗船等设施共同构建的"儿童植物园"，结合设施设计了一系列基于儿童感官的植物认知体验活动，让儿童在身心挑战中释放天性，在亲近自然中提高对自然的认识，成功构建并实践了国内首个面向儿童的集"有趣"和"知识"于一身的具有影响力和品牌效应的综合自然教育体系，使儿童在快乐玩耍中提升对自然的认知、学习和观察能力。2017~2018年，辰山植物园主办的两届儿童园建设与发展国际研讨会上，80余家国内外植物园、大学及自然教育机构，对儿童园的建设和活动设计理念高度赞扬。宁波植物园、秦岭植物园等多家植物园多次来辰山学习儿童园设施建设和儿童自然教育的思路和经验。

（2）研学实践课程原创策划和实施

结合教育部《义务教育小学科学课程标准》（中华人民共和国教育部，2017），上海辰山植物园结合园内特色资源和课本内容不仅原创设计了7套趣味植物搜索单，让儿童在"寻宝搜索"中了解植物知识，加深对课本内容的印象，还原创性研发"植物与我们的生活""植物多样性与保护""植物生存智慧"等系列自然教育课程及配套课件，原创开发《濒危植物》《兰》《蕨》等系列科普手册14本，原创制作了《辰小苗历险记》6集系列动画片和《花的故事》6部系列科普微视频，为各种类型的研学实践活动打下了坚实的基础。结合这些课程和资源，上海辰山植物园实施中小学研学活动上百余次，数万名中小学生积极参与，成功打造了国内优秀的植物园研学实践平台。2018年底，上海辰山植物园被纳入全国中小学生研学实践教育基地，并连续获得中央彩票公益金中小学研学实践教育项目资助。

（3）综合性特色品牌活动实践

"辰山奇妙夜"科普夏令营是上海辰山植物园原创策划组织实施的科普夏令营，在每年的暑期开展，时长两天一夜，截至目前，已成功举办了94期，吸引了近4000余名小学生的热情参与，它以"亲近自然、发现自然之美"为主题，通过综合性的体验活动，引导孩子们关注自然、关注环境，已经成为辰山植物园的特色科普活动。2017 年，"辰山奇妙夜"科普夏令营活动被纳入中国科协全国优秀科普活动案例汇编。

2. 植物园专业技术培训基地

植物园的建设需要更加突出面向国家与地方的需求，不断地突破传统植物园的管理思路和理念。辰山植物园非常注重团队的建设和人才的培养，不仅选派优秀人才赴国外学习新知、开阔视野，还引进专家组建国际化团队，更重要的是借助园内特色资源，为国内外培训和输送专业人才。2012 年起，上海辰山植物园连续 8 年承办"全国植物分类与鉴定培训班"，为国内植物园及相关行业先后培训了 5000 余名植物分类工作者；2016 年起每年承办"IABG 植物园发展与管理"国际培训班，面向亚洲发展中国家的植物园和植物相关工作者开展植物园管理专业技能培训，为我国和周边国家培养专业人才，促进和支持亚洲植物园的发展和管理水平。

3. 多识植物百科：辰山特色植物分类平台

"多识植物百科"网站（http://duocet.ibiodiversity.net/）是以 MediaWiki 形式架构在生物多样性 e-Science 云平台上的植物文化百科网站，是辰山正在建设的半专业数据库品牌，由科普部刘夙主持，国内多所科研机构的师生参与。该网站自 2016 年 8 月试运营以来，重点建设方向是世界维管植物新分类系统整理和科属名录制定，不仅在一定程度上弥补了国内植物分类学的数据缺憾，对于科普传播也是极为有用的基础资料。截至 2019 年 7 月 4 日，在世界维管植物中，石松植物、蕨类植物和裸子植物的科属名录已经制定完毕，被子植物的 425 科中也已经完成了 398 个科的完全整理。在此过程中，多识团队成员李波（江西农业大学副教授）领衔发表了被子植物的 1 个新科——美丽桐科，是中国学者发表的第 6 个被子植物的科。

4. 辰山特色科普系列图书

目前，辰山植物园已经出版科普图书 18 部，分别是《世界上最老最老的生命》《彩图科学史话》《植物名字的故事》《醉酒的植物学家》《植物知道生命的答案》《兰花博物馆》（译）、《基因的故事：解读生命的密码》《情系生物膜：杨福愉传》《发现植物：路边的植物》《万年的竞争：新著世界科学技术文化简史》《终极视觉：有花植物》（译）、《终极视觉：地球故事》（译）、《果色花香：圣伊莱尔手绘花果图志》（译）、《100 种影响世界的植物》（译）、《植物进化的故事》《蔬菜图说：辣椒的故事》《上海植物图鉴》（木本卷）、《上海植物图鉴》（草本卷）等，包括植物图鉴和鉴定手册、植物知识"轻阅读"作品、结合植物知识和个人情感的个人体验式作品等多种类型。这些图书已获得 8 种奖项。

在多识植物百科的建设和前述以半专业数据库为核心的综合性知识生产—传播模式的基础之上，辰山科普今后有意打造两大图书品牌。其一是分类学相关工具书，如上述世界维管植物科属名录、中国维管植物科属检索表、中国维管植物学名释义、按最新系统编排的上海植物名录和检索表、植物中文名辞典、植物英文名辞典等，它们的编写将充分表明与科学传播结合是具有博物学性质的植物分类学的新出路（李佳等，2018）。其二是从全世界取材的植物文化科普图书，如世界药用植物文化简明手册、多种植物史和植物学史著作等。此外，从国外引进的植物图鉴和其他科普著作仍将是辰山科普图书的重要组成部分。

5. 辰山特色草地广播音乐节

辰山草地广播音乐节是上海辰山植物园与上海人民广播电台"经典 947"共同打造的国内独一无二的户外古典音乐节，容纳 6000 人的户外草地成为国内最大的市民乐享盛宴之地。从 2012 年开始到现在，已连续举办了 8 年，每年大小舞台的 4 场音乐会将植物园、音乐与上海市民之间的情感紧密联结。音乐节倡导的"赏花，品乐，乐享人生"的生活方式已逐渐深入人心，在春天与"经典 947"相约在辰山植物园的天然舞台，已经成为诸多沪上市民的习惯，也印证了上海广播多年来与爱乐者们达成的心灵默契。音乐节不断加强观众服务，增强现场体验与互动，提升演出应急预案，凭借着高质量的演出水平，认知度、美誉度和影响力显著提升，而始终不变的是亲民票价见证的一份"初心"——打造中国水准最高、体验最好、最有创意、听众规模最大的户外古典音乐节。"生态 + 文化"特色鲜明的辰山草地广播音乐节已经成为全国知名的植物园文化品牌，获得了"全国公园优秀文化活动"称号。

3.5 植物园品牌与特色建设的关键因素

品牌就是发挥优势条件，把事情或者产品做到最佳，让别人难以超越，这样不断迭代形成的名声。植物园品牌与特色形成的关键因素非常多，但总结下来，主要有 4 个方面：系统思维、长远规划，应对需求、创新思维，科学理性、重在基础，技术支撑、精细管理。

3.5.1　系统思维，长远规划

　　植物园是一个系统工程，从植物园建设的第一天起，就需要全面思考植物园的目的、意义、定位和布局，系统全覆盖，明确植物园的最终目标，以及在该目标下的阶段性成果；且需要运用辩证的思维模式，明确实现目标的策略和形式，在全面推进的情况下，有主有次，有重点有侧重，保证力量布局合理，真正实现有重点有政策。

　　长远规划的实质，是从一开始就要想到最后，想到各种可能性，并有针对性的应对措施，确保每件事都能做到底，而不至于半途而废。如活植物收集，要明确为什么收集这些物种，因为不仅收集需要花费很大精力，其管理更需要长期连续的监测。如果只是见物种就收，到一定程度后，因为东西太庞杂，管理难度过大，很多物种就会因缺乏管理而被荒废，那前面的工作也就废弃了。与此同理，品牌建设也是如此，一开始就要考虑这个品牌长期发展的可能性，并坚持维护它。

　　全面考虑了重点，长期考虑了持续，两者有机结合，既有重点，又可持续，这才能做到相辅相成，策略地确保了长远目标的实现。

3.5.2　应对需求，创新思维

　　根据社会当前和未来发展的需求，寻找植物园专业结合这种需求的方向，不管到哪个时期，需求一直是社会和专业发展的动力所在。从最早的植物园到现在，其功能依然是对植物资源的研究、开发、利用，更好地为人类的健康服务，那么就抓住这个核心点，确定植物园的植物收集，以及基于收集的研究保护和科普教育的方向。

　　一方面，随着社会发展，学科分工越来越细，作为主要体现传统的博物学科——分类学的机构，植物园在今天因为发展缓慢而被搁置，的确不容易找到非常直接的发展点，只能在夹缝中求生存。如研究方向既不能是农业，也不能是药用，这两个专业都有雄厚的研究力量和方向，但是否可以考虑药食同源方向？目前这一方向的研究力量相对薄弱，且社会需求又非常大。能找到夹缝就是创新的第一步，那个夹缝就是专业与需求结合的点。另一方面是整合创新，如自然、艺术和文化的整合——花展、音乐节等，在植物园，自然和科学的因素最为重要，需要更多引入能为公众和社会接受的文化、艺术作为桥梁，来更轻松地认识和理解自然。

　　运用现代最新技术，解决传统学科中的难题，发展传统学科，使其更具时代生命力，这亦是创新。如药食同源植物资源的开发利用，就是把几千年以来对该类植物的利用，用现代科学来解释和阐明其内在道理。

3.5.3 科学理性，重在基础

要建多高的楼，就需要有多雄厚的基础，这是常识。要建高水准的植物园，更需要坚实的基础，因为植物是有生命的，是连续的，所有的工作都不能跨越，不能断档，前期所有的工作成果都是后期发展的基础，所有的工作都是有价值的。

植物园的基础一方面在于植物的收集与管理，以及基于收集的研究保护和科普教育等。其中活植物的基础在其良好的生长条件，尤其是保证植物长期健康生长的基础条件。另一方面在于人才团队，及激励人才发挥其最大能力的各种机制。

科学理性，尊重每个专业的特殊性，每件事都能用最专业的人去做最专业的事，这是保证植物园能做到极致、与众不同的核心因素。

3.5.4 技术支持，精细管理

维持植物园植物的长期健康生长及其景观不断改善，技术团队尤为重要，园丁既是植物的管理者，又是植物生长数据的收集者和研究者，在日常工作中研究开发的每一项技术，都能大大有助于提高效率，提高养护水准，技术是支撑整个植物园体系的骨架之一。

细节决定成败。在植物园，每一个细节都是品牌营建的关键所在，大到品牌的策划，小到每一个环节的落实，每一道程序都要落实落地。如辰山草地广播音乐节，6000多位观众散场之后，地上不留一片垃圾，这一方面显示出上海听众较高的艺术和人文素质，另一方面体现了举办方充分考虑了可能产生垃圾的因素、垃圾桶的摆放以及现场的宣传和正面引导。大规模、无垃圾，让草地广播音乐节的品牌更加响亮和具有人文气息。

如果能将以技术支撑的精细管理做到极致，那么植物园的目标就是追求卓越，真正实现植物园最初确定的优美、难忘、不可替代。

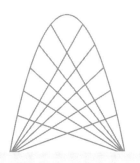

第 4 章

"辰山模式"的创新与应用

辰山植物园经过七年筹建、十年发展，逐步成为科学内涵和艺术外貌并存，具有一定国际影响力的 21 世纪现代化植物园，并探索出一条现代植物园建设与发展的全新路径，即"辰山模式"。

4.1 "辰山模式"概念的提出

"辰山模式"一词最早用来形容 2013 年辰山植物园的国际兰展举办模式。为了做大做强上海主题花展品牌，当时，辰山植物园与新民晚报社合作，秉承开放合作的运营理念，将园艺花展、大众旅游与媒体优势合为一体，为上海市民和其他国内外游客打造了一个精彩纷呈、影响深远的国际赏花品牌，"辰山模式"成为大家津津乐道的一个热词。自此以后，"辰山模式"的概念和内涵被不断延伸和应用，在植物园的学术交流和工作咨询中多次被专家提及，"辰山模式"也逐步发展成现代植物园建设与发展的一个全新模式。

以辰山植物园实际发展中总结的经验与教训为基础，结合同行评价，我们将"辰山模式"的概念凝练为**"紧跟（适应）时代发展步伐，在国家战略和地方需求之中找准定位，以全球视野引导规划前行，以开放、合作的理念集多方优势，助力辰山植物园快速建设和发展的成长之路"**，具体可扩展至以下三方面内容：

一是对接国家战略，满足时代发展需求。21 世纪是生物技术的时代，全球对生物资源的争夺战空前激烈，中国也加强了对战略生物资源的保护和开发力度，不仅加大经费投入，更把生态文明建设纳入国家五位一体的发展布局。作为响应国家发展战略，辰山植物园是在充分调研并总结全球植物园发展规律上，规划并建立起来的现代化植物园。我园围绕国际前沿发展趋势、东亚区域发展特色、上海乃至长三角的生态环境问题等，以"精研植物·爱传大众"为使命，精准定位，从筹建到运营一直得到政府的全力支持。

二是借助区位优势，规划引导前行。上海作为我国首批沿海开放城市，是中国长江经济带的龙头城市；GDP 位列亚洲城市第二，仅次于日本东京，是国际经济、金融、贸易、航运、科技创新中心。2004 年，上海市人民政府启动辰山植物园的策划，这是我国 20 世纪 90 年代中央政府启动新一轮改革开放、推动上海经济发展再创新高之后，在强化城市生态文明建设、打造国际化大都市的社会背景下，作为一个重要抓手应运而生的。上海辰山植物园在经济、科技、人才和交通等方面具有较多先天优势，在建设过程中又充分利用区位优势，根据上海城市发展需求，制定出切实可行的园区设计任务书以及中长期发展规划，为辰山植物园的发展奠定了基础。辰山植物园正在中长期发展规划的指引下，通过编制匹配性滚动式五年工作计划，重点明确、措施得当地稳步推进，发展迅速，成果显著。

三是注重开放合作，集聚多方资源。辰山植物园作为院地合作共建植物园成功的典范，与其注重开放合作的工作理念密不可分。2005 年，在植物园筹备建设期间就与中国科学院签署战略合作协议，充分调动了科学院的智力资源，借用了科学院的研究平台和管理机制——成立了中国科学院上海辰山植物科学研究中心，使辰山植物园在科学研究上迅速跨入了快车道。2011 年辰山植物园全面竣工后进入正式发展阶段，及时组建了由植物学界知名专家学者组成的学术委员会，始终把握和调控辰山的学术、科研沿着正确的轨道前行。除了院地合作，辰山植物园还开辟其他合作途径，比如通过中科院与相关高校和科研院所等共建研究基地，短期内迅速建立 3 个省部级及以上科研平台；通过不断召开国际研讨会、与国际知名机构签署战略合作协议等形式加强国际合作；邀请国际知名科学家帮助培育科研团队，提高成果产出；通过将年轻人分期、分批送到知名植物园培训，拓展视野，增长见识，快速提升工作水平；此外，通过国际组织为亚洲发展中国家培养植物园技术人才，为辰山植物园营造国际影响力奠定了良好基础。

4.2 "辰山模式"的创新

"辰山模式"这一概念的提出，代表了社会和同行对辰山植物园的高度认可。对"辰山模式"的实践应用成果丰硕，其中在活植物收集保育及配套的数字化管理体系建设、基于活植物收集的科学研究、针对青少年儿童的科普教育、品牌性文化活动及特色花展、国际合作与交流等方面均取得突出的成绩，年均游客量达近百万人次，建立三大省部级以上科研平台和 3 个特色植物国家级种质资源库，并获得"中国生物多样性保护与绿色发展示范基地""全国科普教育基地""国家 AAAA 级旅游景区""上海国际文化交流基地""全国文明单位"等称号，成为全球植物园当中最有活力的年轻植物园代表。

"辰山模式"帮助辰山植物园走出了一条接近直线发展的路径，实现了短期内的快速成长。与传统植物园的建设与管理模式相比，它究竟有何独特之处？为了回答这个问题，有必要对比分析一下传统植物园和辰山植物园的建设与管理模式。

4.2.1 传统植物园建设和管理模式

1. 建设模式

全球近 3000 个植物园诞生背景各不相同，有的因科研需求而建，如我国的中科院系统植物园；有的因观赏需求而建，如英国皇家植物园邱园和我国的大多数城建系统植物园等；有的因教学需求而建，如意大利帕多瓦植物园等高校附属植物园等。尽管每一家植物园的建园初衷不同、建设重心和规划设计各有不同，但总体建设环节都包括形成概念、规划设计、施工与运行三个历程。其中"形成概念"的过程就是进行项目的可行性研究、进行初步功能定位和目标描述、获得建设权并争取政府或社会各类资金支持的过程；"规划设计"就是围绕植物园功能目标，依据批准的总体规划文件及批复、规划区的区域位置、区域市政综合管线和交通规划及现状资料，以及工程地质初勘水文、土壤、气候、植被资料、历史文化背景等资料，就植物园园容园貌、道路桥梁、供水供电、建筑设施等具体建设内容进行总体布局和深化设计，并出具施工图的过程；"施工与运行"就是根据规划设计的施工图开展园区土方工程、植物栽植、道路铺装等，将植物园从纸上搬至现场的过程。

2. 管理模式

植物园建设完成后，虽然园区的专类园建设、建筑物及设施运维等基建工作还会查缺补漏，但整体工作重点将切换到科研、科普、游客服务等业务管理工作上来。虽因隶属关系和主体业务重心的不同，植物园的主管机构、领导岗位和职能部门设置各不相同，但植物园管理模式大同小异：一般实施园长／主任负责制，下设各个职能部门，并通过制定 3 ~ 5 年规划方略和年度工作计划指导园区开展工作。此外，植物园一般是政府投资的公益性事业单位，这保障了植物园发展有相对稳定的支持，同时也在一定程度上决定了植物园的财务和人员管理模式，即必须按照体制机制的相关要求走标准化工作流程，具有比较严重的行政化管理倾向，缺乏灵活性，人员和资金是植物园各项业务开展的前提，其管理模式灵活与否是植物园发展速度快慢的最关键因素。

3. 发展模式

作为社会公益事业的一员，植物园能争取到的国家扶持和社会赞助极容易受到经济、政治、思想文化三大社会因素的影响。植物园如果想形成良好的发展模式，不仅需要国家的大力扶持，更需要植物园自身的努力来创造更多价值，不断地被社会所认可。目前绝大多数植物园都有较为清晰的发展愿景和功能使命，并以此为基础按部就班地运营与管理，这很好地贯彻和维持了植物园发展的稳定性，但一定程度上也限制了植物园的创新和突破，难以紧跟时代需求适时微调方向，容易陷入困境。除了自身发展思路局限之外，现代中国植物园的管理体制机制也鲜有突破，普遍存在用人机制呆板、考评考核一刀切、经费使用流程繁琐等问题。受以上双重因素影响，植物园的发展缓慢，甚至长达 30 年左右才能进行一次大的变革或争取到较好的发展机遇，让植物园发展更上一个台阶。

4.2.2 辰山植物园建设和管理模式

1. 建设模式

辰山植物园的建设历程相比传统植物园的"形成概念—规划设计—施工运行"更为复杂，也有其独特之处，主要体现在以下两个方面：

一是增加了前期预研编制项目建议书，编制设计任务书，引种、科研及管理配套体系规划等环节。在 2004 年确定选址后，当时辰山植物园的主管机构上海市绿化管理局就联合植物园所在地——松江区人民政府开展了植物园建设预可行性研究，编制完成项目建议书，对植物园的建设背景、建设条件和建设效益等进行了初步分析，为植物园后期的项目立项书、可行性报告等材料奠定了坚实基础。此外，设计任务书的编制是植物园全面认识自我、定位自我的过程，是后期设计方案公开招标和评标的主要依据，也是可以高效遴选出最优设计方案的重要前提，最终为植物园梳理出长远的发展思路。因此，在规划设计环节，辰山植物园增加了编制设计任务书和规划科研管理配套体系任务书等重要内容，这也是辰山植物园在建设过程中一个重大亮点。

二是院地合作共建中国科学院上海辰山植物科学研究中心，实现园区建设与科研中心建设齐头并进。在中国已有院地合作共建植物园的模式，如庐山植物园、仙湖植物园、中山植物园等，但辰山植物园与其他院地共建植物园不同，它是唯一一个在建设之初就完全由双方一起共建的机构，院、地双方在建设重心上各有侧重，中科院重点负责科研及配套管理体系的专题规划研究，上海市重点进行植物园园区的总体规划设计和建设。因此在 2010 年植物园建设完成时，我们顺利拿到了"上海辰山植物园"与"中国科学院上海辰山植物科学研究中心"两块牌子，保障了科研与园区建设的同步推进，保障科研块面的快速成长。

2. 管理模式

相比传统植物园，辰山植物园的管理模式主要有以下特色：

一是实施理事会领导下的园长负责制。这既与国内一般植物园的园长/主任负责制不同，也不同于西方植物园长期使用的董事会下的园长负责制。理事会由中国科学院与上海市市政府双方派员组成，理事会委员由科研、人事、财政等相关业务、相关机构的分管领导组成，负责审定植物园的发展战略、年度工作计划和年度报告、领导班子选聘等重大事项。理事会的成立为院地合作共建、发挥多方优势提供了平台。

二是创新"长期规划—五年滚动规划—年度工作计划"相结合的发展形式。长期规划确保辰山植物园发展方向明确、重点突出;五年滚动规划的实施,为辰山植物园紧跟时代需求、微调发展方向创造了便利。例如在辰山植物园"创新2030"规划中提到的科研平台建设目标,辰山植物园在提前两年完成了省部级研究基地建设计划以后,及时提高了目标定位,进一步凝练出学科特色,在下一个五年滚动计划和年度工作计划中向国家级研究基地的建设发起冲刺。年度工作计划将前两者规划目标进行分解、着实推进,完成总体框架下的阶段性短期目标。

三是突破体制机制限制,加强团队构建。辰山植物园通过国际聘请、特殊引进、技术咨询等合作模式,畅通引才、聚才的"绿色通道"。诸如辰山植物园在2018年构建了由国际知名学者凯西·马丁(Cathie Martin)等兼职带领的研究团队,帮助辰山植物园培养了一批青年科研骨干,研发出具有高学术影响力的科研成果。

3. 发展模式

政府稳定而强大的财政支持,是植物园可持续发展的保障,为了保持常变常新,维持对公众的吸引力,持续获得政府的关注度,辰山植物园做了以下努力:

一是正视问题抓整改,追赶超越促提升。自2011年全面竣工、完成园区基本建设后,辰山植物园就启动了修订机制,及时调整改进土壤质量、专类园建设、植物养护与管理等方面存在的问题,保障了植物园景观效果的不断提升,特色专类园由最初的矿坑花园、展览温室逐步扩展到如今的月季岛、蔬菜园、药用植物园,等等。

二是主抓品牌创建,打造辰山特色。无论是科研、园艺、科普还是游客游园体验,辰山植物园一直本着"精研植物·爱传大众"这一使命,打造特色与精品,争创品牌效应。例如在科研与园艺方面,充分利用植物园科研和植物养护管理的优势,成功打造了CUBG"植物分类学培训班"和IABG"植物园发展与管理"国际培训班两个精品培训品牌,辰山草地广播音乐节和国际兰展也成为沪上知名的文化活动,给游客带来了无与伦比的游园体验。

三是创新管理制度,争取更多利好政策的支持。作为院地合作共建共管机构,辰山植物园的运营与发展在体制机制上相比其他植物园有了更多的创新性与灵活性,辰山植物园充分利用这一优势,在人才招聘管理、项目申报管理等方面做了一些探索与尝试,例如在人员聘任方面,辰山科研人员引进形式多样,有中科院编制、上海市事业编制以及项目聘用等多种形式,根据院地规定需要执行不同的制度标准,但为了公平公正地解决这一问题,辰山植物园经过与院地主管机构沟通、协调,成立了上海辰山植物园聘任委员会,制定了《自然科学研究系列岗位聘任办法》,相对公平、公正地解决了不同编制和不同聘用人员的岗位聘任问题。

4.2.3　"辰山模式"的创新点

通过对传统植物园和辰山植物园建管模式的对比分析，现在将"辰山模式"的创新之处归纳如下：

①筹建前期充分预研帮助找准功能定位，规划期间设计任务书的编制帮助进一步明确自身需求，保障设计方案的遴选有的放矢；院地合作保障了科研建设、植物引种和管理体系建设等园区建设同步开展，保障植物园平稳实现建设期到日常正式运营期的过渡。

②运营管理过程中设置理事会有效推进多方机构对植物园的共建共管。发展规划与年度计划从宏观到微观的多重结合，尤其是五年滚动规划措施的实施，既保证了辰山植物园发展方向的稳定性和重点工作部署的灵活性，也促进辰山植物园适应时代发展需求的常变常新，维持了政府和公众的高关注度和高吸引力。另外，多元化的引智体系助力高层次人才的聚集，帮助辰山快速成长。

③发展过程中设立修订机制促提升，不断优化植物园的园容园貌，不断聚焦科研方向，不断打造辰山特色和品牌建设，同时也利用院地合作优势，进行管理机制的探索和制度的创新（表4-1）。

上海辰山植物园与传统植物园建管模式对比　　　　　表4-1

	传统植物园	辰山植物园	"辰山模式"的创新之处
建设模式	1. 一般包括形成概念、规划设计、施工与运行三个建设历程；2. 园区规划建设与科研往往分期推进	1. 增加了前期预研，编制设计任务书、引种、科研及管理配套体系规划等环节；2. 院地合作共建科研中心，实现园区景观设施建设与科研中心的规划建设齐头并进	1. 充分预研找准定位；2. 清晰的设计需求保障方案的高效遴选；3. 同步启动植物引种、园区管理规划，保障植物园从建设期到运营期的平稳过渡；4. 利用院地合作形式及时启动了植物园科研方向的规划与建设
管理模式	1. 园长/主任负责制；2. "3~5年短期规划—年度工作计划"模式；3. 事业单位属性限制用人模式的灵活性	1. 院地合作共建理事会领导下的园长负责制；2. "长期规划—五年滚动规划—年度工作计划"模式；3. 构建国际聘请、特殊引进、技术咨询合作模式，灵活组织工作团队	1. 设置理事会，推进多方机构共建共管；2. 发展规划、五年规划与年度计划多重结合，保证了植物园发展方向的稳定性和重点工作部署的灵活性；3. 利用多元化的引智体系聚集高层次人才，助力快速成长
发展模式	1. 按部就班运营与发展，30年一周期；2. 管理体制机制鲜有突破	1. 突破传统发展思路，正视问题修订整改；全球视野，开放合作；2. 创新管理制度，争取更多利好政策的支持；3. 创建品牌，打造特色，实现5年一个大提升的发展周期	1. 设立修订机制，优化园容园貌，聚焦科研方向；2. 注重特色及品牌建设的发展思路；3. 院地合作，探索创新管理新机制

4.3 "辰山模式"的应用

4.3.1 解密"辰山模式"的内在规律

"辰山模式"的最直接应用价值就是帮助辰山植物园快速建设和成长，主要得益于以下几个方面：

1. 站得高。全球视野，全球合作与竞争

辰山位于国际化大都市，诞生在上海经济高速发展、注重生态文明建设的 21 世纪，其功能定位要求其必须以国际一流标准进行规划与建设。作为新建植物园代表，辰山植物园在建设与管理过程中，不仅以全球视野进行了设计方案的遴选，更在发展过程中注重全球合作与竞争，对标邱园和英国约翰英纳斯研究中心（John Inners Center）等国际一流组织机构，围绕植物园内涵底蕴和科学特征进行工作部署。

2. 看得远。从 2011 到 2030 年的 20 年目标清晰

辰山植物园采取"长期规划—五年滚动规划—年度工作计划"相结合的形式进行植物园的运营与管理，长期规划明确了辰山植物园的功能定位和发展目标，为辰山植物园的逐年工作部署指明了方向。例如《上海辰山植物园 / 中国科学院上海辰山植物科学研究中心"创新 2030"发展规划》(以下简称"创新 2030"发展规划) 中明确指出："立足华东，面向东亚，以'精研植物·爱传大众'为使命，进行区域战略植物资源的收集、保存、展示及可持续开发利用研究，致力于建设成为全球知名植物研究中心、科普教育基地和全国园艺人才培养高地。"

在这个发展目标的指引下，辰山植物园将相关工作任务逐年分解，落实到人，开园十年来已逐渐形成特色学科方向，并完成了上海市资源植物功能基因组学重点实验室、华东野生濒危资源植物保育中心和城市园艺研发与推广中心三个研发基地的建设，成功打造了矿坑花园、月季岛等品牌专类园，并建立了全国科普教育基地。

3. 定得准。在国家战略、地方需求之中精确定位

我国著名植物学家洪德元院士曾在 2016 年度辰山植物园学术委员会会议上审议辰山植物园"十三五"发展规划时，做了一次精彩发言，对当代植物园的使命做了最为精炼的描述，明确植物园的三大使命：①保护和利用植物多样性，造福人类，即三个"哪些"："引种收集了哪些？""培育开发了哪些？""挽救了哪些？"；②普及植物学知识，营造人与自然的和谐关系；③为大众创造心旷神怡的休闲环境（洪德元，2016；洪德元，2017）。

辰山的目标定位与洪院士的观点不谋而合，将科研、科普和园艺三大块面工作有机规划和融合，形成了核心框架工作体系，得到以洪德元院士为代表的学委会专家组的一致认可。

4. 策略清。滚动规划、重点突出

"辰山模式"的一个重要创新点就是设置了"五年滚动发展规划"这一工作模式，保证了辰山植物园既可以紧跟时代需求，微调发展方向，又在很大程度上坚持执行落实长远规划工作目标，克服了"规划规划，墙上挂挂"的问题，让五年规划真正成为指导植物园发展和年度工作部署的指南针。

5. 平台大。科研、园艺、科普均建立大平台

辰山植物园成立 10 年来，除了顺利建立了"一室两中心"三大研究平台之外，还建立了唇形科、蕨类、荷花三大国家级种质资源库，建立的"热带植物体验馆"成为上海专题性科普场馆之一，还加入了"国家林木种质资源平台"和"国家重要野生植物种质资源共享服务平台"，成为国际荷花品种登录权威（2015 年以来完成登录品种 118 个）。一系列大平台的建立得益于"辰山模式"开放、合作、共享的工作理念，这些大平台不仅促进了相关工作重心的梳理和团队的有机融合，更为辰山争取了多层面的资源支撑。

6. 工作实。一步一个脚印，稳扎稳打

辰山植物园的每一步发展都在"创新 2030"发展规划指引下，有重点、有措施地稳步推进，一件事一件事坐实，不走回头路，不做返工活，每件事都是一个台阶，每一步都是登高。例如活植物收集与管理，在建设期间就得以启动，重点引种收集与栽培养护华东区系内重要植物，为植物园园内华东区系园、珍稀濒危园、山体植被区等方面提供了丰富的植物资源和技术支撑。开园后，基于科研、科普和园艺各方面工作的全面开展，使得活植物收集与管理工作更有意义，工作也更规范。其中，基于活植物管理开发的"园丁笔记"等手机 App 的开发和推广，使得辰山活植物管理工作成为行业典范。

4.3.2 指导植物园行业发展

实践证明，辰山走了一条正确的路径，其中的规律和经验可为其他新建植物园所借鉴。

1. 对国内行业的支撑

辰山植物园对国内植物园如宁波植物园、太原植物园、苏州植物园，及尚在规划的金华植物园等提供了技术支持。这些植物园的目标非常明确，就是要建一座与当地城市社会经济水平相匹配的植物园。具体的讲就是既要好看，成为公众休闲娱乐和科普学习的场所，还要能为城市的生态文明发展提供智力支持、技术支持，如为城市筛选出适应性强的植物，营造适合植物生长所需的优良生境，建议精细的养管措施保持植物长期健康生长。至于特色和亮点，多数的植物园在开始策划时，尚不会有很明确的想法。因此，辰山植物园目前所指导的主要任务正是结合某植物园本地条件和基本需求，制定相应的规划和发展策略，并为该策略的执行培养相关的人才，提供基本的植物材料和收集方法，还要抓住主要矛盾，在实施水平上给予帮助。这种策略，一方面是帮助各新建植物园共同成长，另一方面是验证"辰山模式"的合理性、适用性，只有到一定的数量级，用空间来换时间，才能确定这个策略的正确性。

当然，借鉴的主要是规律，而非简单的模式复制，因为每个地方的基础条件不一样，需求差异也很大，不是把"辰山模式"原版复制到其他植物园就能成功。鉴于辰山植物园到现在也仅仅10年，也不能对辰山植物园的成功提早下定论，辰山仍需要不断的磨炼和成长，需要多个10年的历练，至少是一个50年的周期，最好是两个周期以上，如果坚持了同样的方向，是成功的，那么才敢说辰山的策略是对路的，才可以讲辰山的模式是成功的，是可以被借鉴的。

2. 对国际行业的支撑

（1）IABG"植物园发展与管理"国际培训班

国际植物园协会IABG"植物园发展与管理"国际培训班是辰山植物园从2016年开展的国际培训项目，已成功举办4届，得到了科技部国际合作司"发展中国家技术培训班项目"的部分资助，相关人员也得到了科技部的统一业务培训，更好地服务国家战略。目前共为斯里兰卡、印度尼西亚、缅甸、柬埔寨、菲律宾和巴基斯坦等22个亚洲发展中国家的39个组织机构培训了62人次。培训班不仅为植物园同行们提供了一个分享和探讨植物园建设成果和实践经验的机会，开创了亚洲植物园间合作交流的新模式，也为亚洲各植物园可持续发展及全球生态文明建设发展培养了新的人才资源。同时，经过培训的人员多数表示获益匪浅，并学以致用，充实了所属单位的技术力量。培训班的教师队伍80%以上来自辰山自身团队，显示出辰山植物园在植物学领域的功力。当然，辰山植物园将不断"修炼内功"，在满足地方需求和国家战略的前提下，用国际视野不断促进亚洲国家的植物保护和利用。

（2）与美国莫顿树木园在城市树木学上的合作

自 2015 年始，辰山植物园联合上海市绿化管理指导站，与美国莫顿树木园一起开展有关城市土壤与树木根系发育的关系、植物修剪、养分补充等方面的城市树木学研究。莫顿树木园是国际知名的树木学研究机构，其中在城市树木的新品种选育、栽培技术和树木保育方面有许多成果，值得借鉴学习。经过 5 年的合作研究，成功地联合申请到上海城市树木生态应用工程技术研究中心，并在城市树木物种多样性、城市化生境下的树木栽植和维护、城市行道树的生态应用工程化技术研究等方面，取得一定成果。

（3）作为培训基地，接纳培训相关的国际学生

与新加坡义安理工学院合作，自 2014 年始作为其在中国的实习基地，接受 3 批本科生在园艺、规划和科研部门分别实习 3~6 个月，重点了解辰山的运营和管理，反响良好；辰山在 2018 年接待了美国杜邦花园园艺学校的学生，在辰山实习 5 个月，重点是园艺的培训和见习，该学生在回到美国之后，很快找到了一个公园园艺主管的岗位，专门来信感激在辰山得到的训练。这些前来辰山植物园实习的国际学生接受到了专业的园艺景观、科研科普训练，与此同时，辰山的员工也在与国际实习生的交流过程中不断提升自我。

4.3.3 支撑都市生态建设

新时代的发展对植物园的建设提出了更高的要求。要支持城市可持续发展，植物园先要实现自身的可持续性，才能为城市生态和市民健康服务。而评判一个植物园的发展是否具有可持续性，关键要看这个植物园是否能够将其各项功能整合成一个有机整体。植物园的核心工作是活植物的收集与管理（Gratzfeld, 2016），可持续发展的植物园应该不断产出科研成果并为社会服务，且科研成果应当基于本植物园收集的重点类群，促使活植物收集和植物科学研究相得益彰。在科普上，可利用多样植物创造多彩的景观吸引游客，从而把相关的植物学知识和故事传递给公众，而这些知识则是基于前人的研究和正在实施的研究。在品牌经营上，植物园开展一些以专类植物、特色文化等为主题的展览活动，以增进社会公众对植物园的多方位了解，从而获得良好的声誉。要充分考虑受众的特点开展活动，在实际操作中锻炼提升人才队伍。

城市生态环境状况关乎可持续发展的目标评价，生态城市在某种程度上等同于可持续城市。植物园利用其在植物保育研究方向上的优势，可以对城市绿化甚至环境修复提供切实可行的方案。植物园一方面可以致力于在新城区建设过程中，摒弃传统的绿化植物配置方案，提高新优绿化植物的使用比例，提高城市绿化植物的多样性（王萍，2010）。另一方面可以在旧城区改造过程中利用植物修复研究的成果实现污染水

体和土壤的生态修复（弓清秀，2005），营造城市绿地、休闲公园。

辰山植物园基于自身收集和保育的植物资源，通过团队人员的不懈努力，开展了木兰、月季、八仙花等新品种选育，在为城市园林绿化提供更多品种选择的同时，致力于攻克城市环境改善和水体修复的技术难题，建立了立体绿化技术体系（胡永红 & 叶子易，2015），为城市绿地和公园建设提供技术支持；同时在园内开展生态修复技术应用示范，成功将废弃采石场改造成为辰山标志性景观——矿坑花园（胡永红 & 马其侠，2014）。辰山植物园还联合加拿大蒙特利尔植物园、蒙特利尔大学和法国南特矿业学院的研究人员，研发水体和土壤污染生态修复技术（Hu et al., 2017），共同承担起利用植物技术来提升城市区域水体和土壤质量的使命。

4.4　辰山十年成果汇总

总而言之，辰山植物园在策划、建设和运营方面走出了一条不同寻常的特色之路，探索出一条现代植物园发展的创新路径，在短时间内取得了令人瞩目的成果。对"辰山模式"的总结、归纳和提升试图挖掘出其中普遍性的规律，用以指导辰山植物园今后的可持续发展，更是一个好机会，可以为正筹建或者新建、在建的植物园提供参考价值和借鉴意义

在本书结束之际，为了加深读者的印象，现就辰山植物园运营十年的工作进行总结、回顾。

植物园的一贯使命是"研究植物，造福人类"，其功能核心和研究重点是随时代需求和科技进步而变化的。于2010年开园的辰山植物园，以崭新的面貌加入全球植物园大家庭，紧紧围绕国家战略和上海生态建设重大需求，坚持以"精研植物·爱传大众"为使命，主动服务"一带一路"倡议，积极融入长三角生态一体化发展，投身上海科创中心建设，服务城市生态环境改善，着重在科研发展、园艺展示、科普活动和品牌服务方面持续发力。辰山植物园在"创新2030"发展规划长远目标的指引下，精准应对社会需求，脚踏实地，打牢基础，开放合作，共赢共享，走出了一条具有"辰山模式"的快速发展之路。

十年来，"创新2030"发展规划（2011~2030年）一直指导着辰山植物园的务实、理性发展之路。规划从科研方向、活植物收集与管理、园艺展示与展览、科普教育、品牌建设等方面提出相对清晰的目标，并根据这些目标筹划了相应的实施项目，搭建人才团队，探索管理与激励机制，筹措相应的保障资金，等等。在此基础上制定滚动的五年规划，并落实在次年的工作计划中，确保工作的前瞻性和连续性。规划引领的

工作避免了大的颠覆式的变化，只有根据实际情况的微调。近年辰山植物园的发展几乎是一条上升的直线，没有太多的曲折，直奔目标而去。

十年来，辰山植物园立足活植物收集和管理这条植物园发展主线，不断提升综合实力。辰山围绕重点研究的植物类群加强植物资源收集，累积收集到来自77个国家的各类特色植物253科1782属15871种（含品种）（数据截至2020年2月14日），成功建设唇形科、荷花和蕨类三个国家级种质资源库，及一个国际荷花资源圃，并顺利加入国家重要野生植物种质资源共享服务平台；辰山建立了活植物数据库，连续跟踪记录植物引种和生长相关数据，运用信息化手段，实现引种信息上传、登记号、个体号和批次号自动生成，之后即可下载登记号表。植物个体牌、展示铭牌和栽培位置变更实现了模板导入、数据库完成更新及下载功能，实现了人人参与的管理模式，并积极投向社会推广应用。

十年来，辰山植物园开展了基于植物收集的扎实的科学研究，立足华东，面向东亚，以"华东重要资源植物的保育与可持续利用研究"为定位，逐步建成了方向明确、具有辰山特色的"一室两中心三平台"科研平台体系。在植物保育方面，在蕨类、壳斗科、兰科、丹参及其野生近缘种保育方面进行技术探索与创新，出版了系列研究专著，建立"华东濒危资源植物保育中心"；在植物功能基因组学研究方面，辰山植物园围绕唇形科、芍药科和旋花科等重点研究类群，开展了基因组学的资源植物天然产物代谢路径挖掘研究，完成了甘薯、黄芩等药食同源植物基因组测序组装，揭示了甘薯多倍化起源史，完整阐明了抗癌活性物质汉黄芩素的合成机制等，建立"上海市资源植物功能基因组学重点实验室"；在城市园艺研究方面，通过植物引种驯化和技术创新，为城市绿化提供丰富的植物资源，初步建立了适合长三角城市特殊生境条件的绿化技术体系，推进城市宜居环境建设和生态修复，建立"城市园艺技术与开发工程中心"。十年来，发表科研论文859余篇（其中SCI 312篇），软件著作权31项，培育新品种27个，建立专业网站4个。建立植物代谢试验平台、公共试验平台和遗传转化平台，拥有专职支撑人员5人，兼职人员10余名。实验室3000m²，标本馆CSH馆藏维管植物蜡叶标本16万份，保存有DNA样本（干燥叶片存于硅胶）4.5万份，种子1300份。

十年来，辰山植物园积极开展基于植物收集的园艺展示，不断提升园区专类园建设和植物展示水平，已经基本形成矿坑花园、月季园、木兰园、药用植物园、蔬菜园、观赏草园等品种丰富、景观独特的专类园体系，深受市民游客喜爱，并成为网红观赏点。其中，矿坑花园斩获了多项国际奖项。基于植物收集和研究的专业展多点开花，国际兰展、上海月季展、睡莲展等四季特色展已经形成辰山特色，成为全年赏花的好去处。

十年来，辰山植物园不断增设自然与植物主题，组织实施特色科普教育活动，形成具有辰山特色的科普教育。围绕特色植物打造面向不同人群的主题活动，如面向幼儿的"宝宝坐王莲"活动、面向小学生的"辰山奇妙夜"夏令营和研学实践课、面向初高中生的"准科学家培养计划"、面向家庭的"快乐采摘季"等活动。每年科普活动有数十种、百余场，年科普受众达 35 万余人。为发挥全国中小学研学实践教育基地、全国科普教育基地以及上海市专题性科普场馆的作用，辰山植物园打造了联合校园的自然教育模式。

十年来，辰山植物园在文旅活动发展上逐步形成辰山品牌，上海国际兰展、上海月季展等大型主题花展，年均游客 100 万，搭建与展示各国艺术、生态、文化的交流平台，加强与国外技术的切磋、文化的交流、经验的学习，给市民游客一个很好的接近感受自然的环境，提升广大市民生态文明建设的获得感。迎春花展、睡莲展、花果展、仲夏花展也独具特色，形成辰山"季季有展"的格局。每年的春季和秋季，与上海东方广播电台合作的辰山草地广播音乐节和自然生活节，也已成独具辰山标签的文化活动，打造高雅艺术和自然贴近、全家参与的文化旅游新形式，已成为上海一张靓丽的文化品牌。

十年来，辰山植物园的基础建设也在不断提升，共计 4 期的土壤改良项目于 2017 年启动，运用多重策略，包括物理、化学及生物方法，快速改善植物生长的立地环境，为植物长期健康生长打下坚实基础。截止 2019 年年底已完成改良 50hm^2，园区一半的土壤得到了改造。土壤改良不仅提升了月季园、木兰园、海棠园、蔬菜园、药用植物园、宿根植物园等专类园的生物多样性水平，更提升了运用地形和植物营造的丰富空间和景观水准。

十年来，作为理事会领导下的科研机构，中国科学院上海辰山植物科学研究中心在中科院分子植物科学卓越创新中心的支持下，充分利用中国科学院平台引进科研团队，聘请全国行业精英作为学术委员会专家，为辰山植物园的发展把脉把关，确保辰山在高平台基础上发展。同时，加强国内外交流合作，与英国邱园、意大利帕多瓦植物园、美国莫顿树木园等 10 多个国家和地区共 30 多个单位签署合作备忘录，双方开展技术交流、人员培训和科学研究等多角度合作。作为 IABG 亚洲负责单位，辰山植物园紧紧围绕"一带一路"战略倡议，加强与"一带一路"沿线国家植物园的合作与沟通，连续举办 IABG "植物园发展和管理"国际培训班，分享辰山建设发展的成功经验和发展理念，为 20 多个亚洲发展中国家植物园培养优秀的管理和技术人员 60 多人。在国内，辰山植物园也积极服务地方需求，技术支持宁波植物园、苏州植物园、太原植物园的建设管理，积极为北京世园会、崇明海上花岛、上海世博文化公园建设提供智力支持。

十年来，辰山植物园主动借力院地合作的优势，长远规划，踏实推进，秉承"精研植物·爱传大众"的辰山使命，在科研、科普、园艺、品牌等方面都取得显著成果，打造优美特色景观，培养精尖专业人才，树立响亮辰山品牌，形成具有辰山特色的发展模式，凝练出长远、科学、务实的辰山精神，这也将是辰山继续快速发展的动力和支撑。

继往开来，十年的历程到今天只是一个开始，今后辰山植物园的发展如何与时代和社会更紧密地结合，是否有更多更好的成果，这些需要更深层次的思考。

辰四 10年
2010-2020

总体平面图

　　辰山植物园布局以汉字篆书中的"圜"字为空间结构，外框代表围绕植物园的绿环边界，中部则表现植物园中的山、水、植物这三个重要组成部分，反映植物园江南水乡的景观特征。整个园区由中心展示区、植物保育区、五大洲植物区和外围缓冲区等四大功能区构成。围绕全园的是全长4500m的绿环，依据地势地形分别展示了欧洲、亚洲、非洲、美洲和大洋洲的代表性植物。

合 作 共 建

方案讨论

上海辰山植物园是融科研、科普、景观和休憩为一体的综合性植物园。位于上海市松江区佘山国家旅游度假区内，2005 年由上海市人民政府、中国科学院、国家林业局合作共建，占地面积 207hm²。2010 年 4 月 26 日对外开放。辰山植物园是上海市"十一五"重大生态工程项目之一，也是 2010 年上海世博会配套工程，其建园目标是"国内领先，世界一流"。

院地合作

部市合作

上海辰山植物园的发展战略定位是以"精研植物·爱传大众"为使命，进行战略植物资源的收集、保存及可持续开发利用研究，致力于建设成为全球植物研究中心和植物学高端专业人才的培养基地，以实现植物资源的持续保育、利用共享和创新发展。

院地领导现场考察

向领导汇报总体方案

展览温室建设

2005 年 8 月，上海市政府与中国科学院签订了《合作共建上海辰山植物园协议书》，发布了《上海辰山植物园方案招标文件》，遴选出了德国瓦伦丁设计组合方案进行进一步的深化设计。2007 年 1 月，成立了上海辰山植物园工程建设指挥部，按照一次规划，分期、分块实施的要求，项目共分为一期、西南块、东南块、东北块4 块，2007 年 3 月 31 日正式动工建设。

矿坑栈道建设

岩石药用园爆破

科研中心建设

　　上海辰山植物园与英国邱园、意大利帕多瓦大学植物园、美国莫顿树木园和长木植物园等国际一流植物园签订了长期战略合作协议，在植物收集、园艺展示、植物研究、科普教育以及人才培养等方面开展长期合作。与中国高校、相关企业以及地方政府部门签订长期战略合作协议，设立了"荷花研究基地"和"油用牡丹种质资源圃"等平台，共同在科研项目开展、学术交流等多方开展合作。每年选派职工赴国外植物园及科研机构进行培养锻炼，为植物园的可持续发展奠定了重要基础。

2015 年 3 月 24 日与英国邱园签约

2012 年 9 月 20 日与长木植物园签约

2013 年 9 月 27 日与上海市松江区政府签约

2017 年 11 月 18 日与意大利帕多瓦大学植物园签约

2018 年 1 月 16 日与德国马普分子植物生理研究所联合实验室交流

2018 年 1 月 25 日与蒙特利尔植物生物学研究所签约

收 集 保 育

　　收集保育也是辰山植物园的重要工作。辰山植物园立足华东，面向东亚，重点收集华东区系代表性物种以及珍稀濒危物种，同时收集能源、食用、药用、观赏、栽培作物野生近缘种等资源植物；全园已收集壳斗科、豆科、蔷薇科、木樨科及兰科、凤梨科等植物 15000 余种（含品种），其中华东本土植物约 3000 余种，是全球拥有华东区系植物最多的植物园之一。

　　在保育研究中，园区先后开展了华东地区天目木姜子、小叶买麻藤等珍稀濒危植物的群落调查、种群生态学研究以及华东珍稀濒危植物种群遗传多样性研究，率先完

成了 600 种华东区系植物从"从种子到种子"的完整生活史的迁地保育,并提出了华东地区珍稀濒危植物迁地保育技术流程。同时大规模引种鸢尾属植物,通过试验建立了鸢尾属植物筛选体系,筛选出了 300 余种适合上海地区生长的鸢尾品种,为上海及周边地区鸢尾属植物的引种、栽培、驯化与推广应用提供了丰富的素材。此外,园区还在蔷薇类、樱花类、牡丹类以及能源植物、芳香植物、多肉植物、兰科植物等专类植物的集中收集和保育研究中取得了一系列创新成果。

中国科学院上海辰山植物科学研究中心位于辰山植物园西北角，于2010年10月挂牌成立，建筑面积约15000m²，中心包括实验室、组培室、人工气候室、资源圃、实验田、科研温室、标本馆、图书馆、学术报告厅等科研设施，并设12个课题研究组。组织召开中国植物园学术年会、国际植物园研讨会、药食同源与植物代谢国际学术研讨会、IABG中国植物保育国际会议等学术交流会议。出版了《东亚高等植物分类学文献概览》《湿生鸢尾：品种赏析、栽培及应用》《中国入侵植物名录》《上海维管植物名录》《中国植物多样性与地理分布》《中国蕨类植物多样性与地理分布》等多部专著，为中国植物科学研究和城市景观绿化提供了植物资源、科学理论和技术支撑。

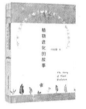

2010 年 10 月 11 日上海辰山国际植物园研讨会

2016 年 12 月 14 日上海辰山第二届
药食同源与植物代谢国际学术研讨会

2017 年 12 月 10 日"千种新花卉"
高峰论坛

2018 年 3 月 23 日第四届上海辰山
国际兰花研讨会

2018 年 11 月 17 日亚洲植物标本馆
学术研讨会

2017 年 11 月 12 日上海市资源植物
功能基因组学重点实验室第二届学术
委员会

2018 年 12 月 16 日上海辰山第四届
药食同源与植物代谢国际学术研讨会

　　科学研究中心围绕国家战略和地方需求，重点聚焦生物多样性、次生代谢与资源植物开发利用、园艺与生物技术三大研究领域，创建了"上海市资源植物功能基因组学重点实验室"，在前沿领域开展牡丹、丹参、荷花等观赏、药用资源植物的功能基因开发与可持续利用研究；建立"一室两中心"的科研体系：上海市资源植物功能基因组学重点实验室、华东野生濒危植物资源保育中心、城市园艺技术与推广中心。

科研实验

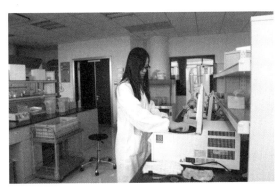

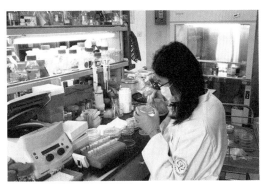

　　春景园是辰山植物园近年来打造的重点景观区域，位于辰山一号门广场两侧，由樱花园、木兰园、海棠园和梅园组成，总占地面积达 8 万 m^2。园内收集了樱花品种 80 余个，玉兰、含笑种及品种 90 余个，海棠和木瓜品种 80 余个，以及 20 余个品种的梅花。每年冬末到夏初，春景园中鲜花依次绽放，烘托出浓浓春意。尤其在春景园东侧，沿道路成排种植了早樱河津樱和中樱染井吉野樱，打造了两条梦幻樱花大道，每年三四月间灿若云霞，成为沪上春季赏樱的必游之处。

矿坑花园位于辰山山体西南，面积约39000m²，有悬崖飞瀑、深坑幽潭、镜湖花海等独特景观。矿坑花园由原矿坑改造而来，通过合理设计使裸露崖壁在雨水、阳光等自然条件下进行自我修复，并融入了钢筒、栈道、浮桥、隧道等元素，在生态修复与文化重塑的策略基础上将采石场遗址中的后工业元素和植物园的文化景观特性整合为一体，重新诠释了东方自然山水的意境。

　　展览温室位于植物园东北角 2 号门内，是由热带花果馆、沙生植物馆和珍奇植物馆等 3 个单体温室组成的温室群，总面积为 12608m²。建筑形态以"水滴"为设计理念，其平面形状和空间形态与植物园"绿环"的弯曲变化、高低起伏完全吻合，室内采用全方位智能化控制，是植物园进行科学研究、科普教育、园艺展示和生物多样性保护的重要设施。

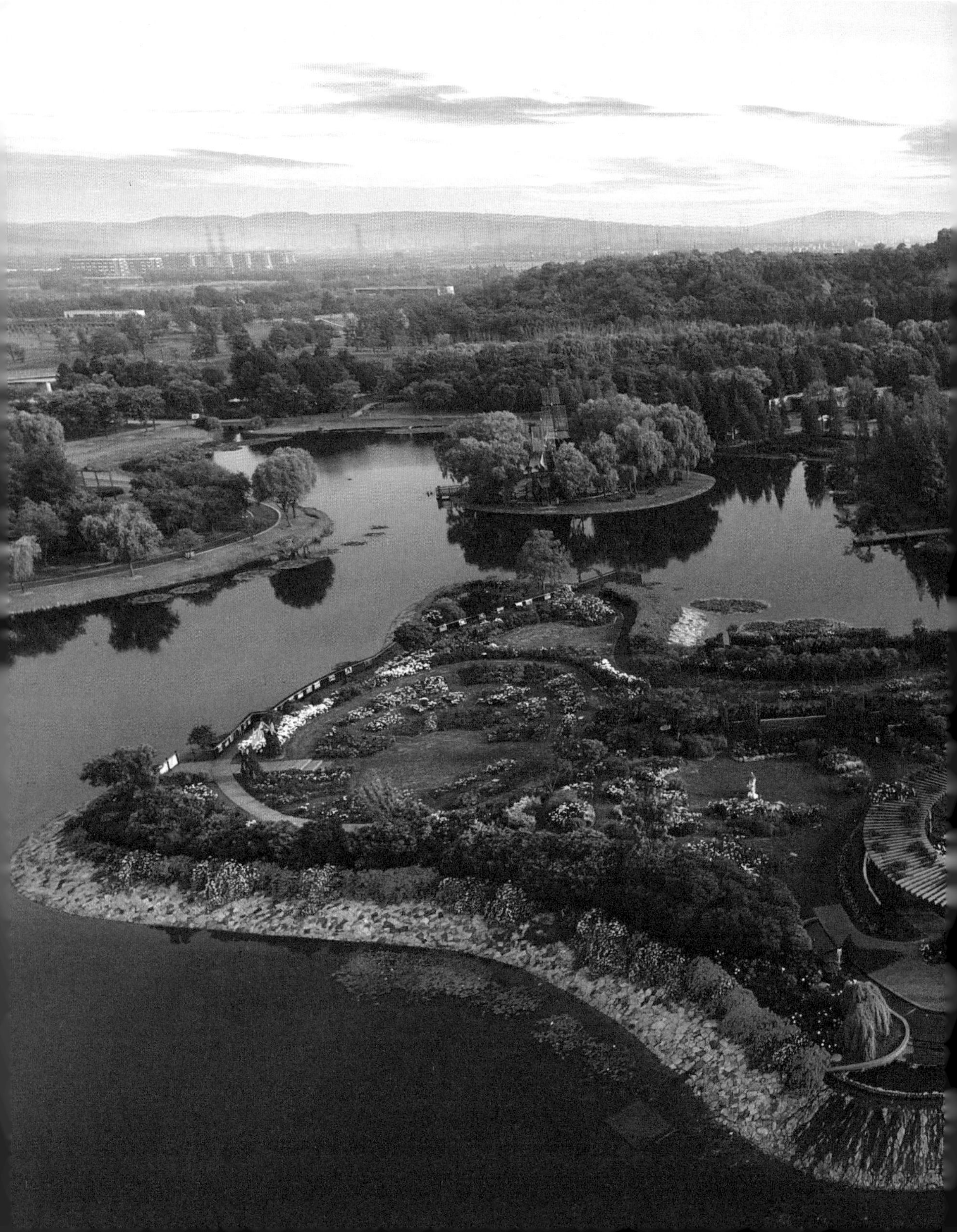

　　上海国际兰展是上海辰山植物园的品牌花展之一，于 2013 年首次举办。展览以构建兰花文化传承平台、推动兰科植物资源保护、促进兰花产业快速发展为目标。自 2014 年起，每逢双年举办一届，国际兰展期间同时举办兰花国际研讨会、兰花鉴赏培训班等学术交流会议。

上海月季展于 2015 年首次举办，每逢单年举办一届。展览重点利用与月季有关的历史、艺术等文化元素，以个体展示、组合盆花、切花艺术、景观营造的展览形式，表现月季色、形、新、奇等艺术特点和生物学特性。

上海月季展

仲夏花展

辰山睡莲展

辰山花果展

上海辰山睡莲展于 2016 年首次举办，主题为"静谧的睡莲世界"，旨在向大众展示睡莲这类水生植物的多彩之美。睡莲展以水缸展示、湖岸种植、展厅布展等形式向游客展示了超过 200 个来自世界各地的睡莲品种，体现睡莲雅、美、静、彩的特点，在盛夏和金秋时节给前来游园的游客带来别样的体验。

"辰山奇妙夜"夏令营活动

科普教育以科普产品研发、园内外科普活动策划实施以及线上科学传播活动为主，园区配套设有儿童植物园、热带植物体验馆、4D科普影院、科普教室等系列科普设施；开展的"云赏花"线上活动，微博热搜阅读量超过3亿；成立了老年志愿者服务队、志愿者导游队等组织，在全园建有双语科普自动导览系统、自助扫一扫有奖答题系统等。在活动课程方面，开发了30余门适应不同年龄群体的科普课程和自然体验课程，"辰山奇妙夜"夏令营成为沪上暑期面向小学生的品牌夏令营活动。精心的设计、有效的执行，使得辰山的科普能级不断提升，受众面不断扩大，并获得全国科普教育基地、全国研学实践基地等称号。

鼠尾草科普讲解

闻香辨植物

自然笔记画睡莲

夜游温室探秘

辰山草地广播音乐节是中国内地第一个成功举办的大型户外交响音乐会，也是国内规模最大的户外古典音乐节。音乐会以"赏花、品乐、乐享人生"的都市文化理念，向人们诠释了植物与音乐相融合的独特魅力。首届草地音乐会于 2012 年 4 月 22 日举办，自 2015 年起，辰山草地音乐会升级为音乐节，演出时间由原来的一天延长至两天，并在大舞台的基础上，在岩石与药用专类园增加了民族风格的小舞台，演出汇聚了众多世界交响乐团和音乐家加盟，表演风格多元，演奏曲目丰富。

辰山自然生活节于 2019 年首次举办,是辰山秋季瓜果展的全面提升。辰山自然生活节采用"嘉年华"的形式,邀请多家自然教育和自然体验机构在生活节期间入驻,向市民大众提供多样且丰富的"一站式"自然活动体验,引导公共关注自然、融入自然。

结语　明天的植物园

2010 年 4 月 26 日，上海辰山植物园举办试开园仪式。2011 年 1 月 23 日，上海辰山植物园正式开园。经过十年的建设，这个崭新的现代植物园，已经积累了一定的经验，可以初步回答"21 世纪的植物园将是什么样"的问题。

让我们从一群常见的树种——壳斗科说起。

观全球，植物园是一艘"诺亚方舟"

壳斗科包括水青冈属、栗属、柯属、锥属、栎属等，有 900～1000 种，大部分分布于北半球，三分之一产于中国。属于这个科的树种，在果实周围会有一种特别的结构包被着它，有时是带刺的硬皮，有时是覆满鳞片的碗，这就是壳斗。壳斗科正是因此得名。

壳斗科的许多树种非常有用。它们的木材质地优良，至今仍有大量应用。它们也是城市中优良的绿化树种，不仅可以营造葱郁的树荫，而且还能"藏木于城"，在城市需要木材的时候献出储备。可能更令人意想不到的是，人类文明的发展、国家未来的决策依据，也许都与它们息息相关。

10 多年来，辰山植物园的科研团队对中国栎属植物进行了一系列研究，发现它们之所以在中国种类如此丰富，和一个外因相关——华南、西南地区具有复杂多变的地势地形、季风气候。气候和地势变化越复杂，常绿栎属植物（如青冈类）的多样性也越大。这也就意味着栎属树种就像一个气候指标，当我们研究它们的种类和分布规律时，往过去看，可以找到几百年来中国气候的变化规律，往未来看，又可以预见今后的气候变化走势。通过监视它的居群变化，便有可能对有潜在重大影响的气候变化提前预警，从而对政府的决策起到参考作用。

这样的研究，代表的正是 20 世纪后半叶以来植物园在科研、引种和相关的生物学教育方面开辟的新的重要方向——生物多样性研究和保护。生态学几十年的工作已经充分表明，直到今日，人类的命运仍然与自然生态息息相关。人类以如此空前的力度干扰着自然，而暂时没有让地球生态系统崩溃，靠的仍然是我们远未充分理解的强大的天然生态调控机制；然而，这也意味着当这种强大的生态调控力发生变化时，即使其力度在地球看来不过像一粒沙一般微小，落到人类头上，也会像一座山一样沉重。

因此，竭力维持目前的地球环境不变，为人类适应变化的环境争取时间，就是环境保护实践的第一准则。保护目前地球上的生物多样性，自然也是维持地球环境不变这一工作中必不可少的一部分。假设某些关键的物种灭绝，通过一些未知的机制导致生态链某个环节断裂，让生态系统遭到不可预计的连锁破坏，那么首当其冲活不下去的很可能是人类，而不是自然界。一言以蔽之，保护地球，在根本上其实保护的是人类自己。地球的自然生态经过上百上千年可以自己慢慢修复，但人类却未必能等到那一天。

从常理来说，植物的保育，又具有独特的重要性，因为人类和所有大型动物的生存都离不开植物。因此，对濒危植物加以保育，至少留下物种的种子，就显得极其重要。而在所有可以从事植物保育工作的机构里，在科研院所、大学、实验室之外，植物园拥有一项独特优势——迁地保育。

当某种植物的生境遭到破坏——如丛林被烧、山头崩塌等——使之无法在原有环境中生存下来实现原地保育时，我们还有退而求其次的方案，就是把它迁到植物园里。拥有一定规模面积、具备空间优势的植物园，可以对迁地保育的濒危植物精心呵护，让它们留下种子。待到自然生境再度恢复，植物园便能通过"回归"（再引种）把植物重新种回去，修复毁坏前的生态链。从事迁地保育的植物园仿佛一艘"诺亚方舟"，在为人类文明留存物种。

据植物学家统计，如今世界上有 100000 种植物（占全球植物总数的大约 1/3）正面临灭绝的危险。目前，已经有 3000 多个植物园投身于全球植物保护工作，共同形成了世界植物保护网络。而中国作为大国，理应担负起更大的责任。2020 年，联合国生物多样性公约第十五届缔约方大会将在中国昆明举办（因新冠疫情推迟）。这意味着中国在未来将会更加积极主动地承担大国使命，从全球人类文明的高度保护生态体系、保护濒危动植物。

辰山植物园所在的华东地区经济发达，城市化和工业化程度高，反过来也意味着生境破碎化较为严重，植物濒危乃至灭绝的速度不断加剧。对于生态环境单调的上海市来说，情况就更是如此。比如《上海植物志》记载的野生兰花仅有 2 种，而其中 1 种已绝迹，仅剩作为草坪杂草的绶草。原在东佘山等地有采集的报春花科珍珠菜属多种植物，现在也久未发现。因此，华东地区的植物园具有较大的迁地保育责任。

辰山植物园内目前收集保育了 1.6 万余种植物，其中荷花、睡莲、兰花、凤梨等特色植物资源收集在业内占绝对优势，为这些植物资源的引种驯化和推广运用奠定了很好的基础。辰山北坡的植物保育区，正小心呵护着华东地区的植物种类，包括上海的乡土植物，由此建成了华东地区种类最丰富的战略植物资源库，并且还在研发华东重要资源植物迁地保育技术体系。

在这里值得重点介绍的，是中国东海近陆岛屿植物多样性调查与编目项目。上海濒临东海，其周围还有江苏、浙江、福建和广东等省。过去 70 年里，工业化和城市化进程给沿海地区带来了巨大的生态环境压力；近些年来的岛屿旅游热、开发热等活动，更是对岛屿自然分布的原生植被产生了深远的影响，物种入侵、生物多样性降低等问题接踵而至，使得岛屿植被的科考和保育形势严峻。

辰山植物园既然定位于华东地区，沿海岛屿作为华东植物区系的重要组成部分，就一直为辰山所重视。2011 年，在上海市绿化和市容管理局的支持下，辰山植物园便与华东师范大学、浙江农林大学合作，启动了中国东海近陆岛屿植物多样性调查与编目项目。

这个调查项目意义重大。中国东海海域岛屿的数量占中国海岛总数的 60% 以上，除舟山群岛、平潭岛等较大的岛屿外，更多的是面积不足 1km² 的小岛。岛屿环境有一些极端环境因子，如高盐碱、季节性大风及伴随的强降水、强日照等，它们塑造了对极端环境耐受性极强的大量滨海特色植物。因此，对东海岛屿植物多样性长期的考察、监测，有利于中国海岸带植被资源的保育研究和开发利用。比如有些植物可以在石头缝隙中生长，有些植物适合水域净化，它们便可能成为上海城市里的种植品种，提高城市的生态水平，因此是植物园重要的引种、栽培、科研和科普材料。

未来，辰山植物园不仅可以成为植物保育网络的重要节点，而且通过国际植物园协会（IABG）、"一带一路"等网络，向那些资源丰富但经济不发达、无力承担保育工作的国家输出自己的经验和理念，体现中国作为大国的使命和担当。

观国家，植物园仍是科技实力的体现窗口

尽管从 20 世纪以来，植物园昔日的引种和经济作物开发职能，已经在相当程度上被其他类型的研究机构所取代，当年取得的辉煌成就，现在也已经无法复现，然而，只要植物园坚持从植物多样性这个角度入手，在引种和经济作物开发上就仍然能够大有作为，起到无法替代的作用。

在植物中有一个科叫唇形科，因为多数种的花冠分裂为上裂片和下裂片，略似人的双唇而得名。经过分类修订之后，唇形科有 230 多属 7000 多种，是被子植物的第六大科。唇形科植物的花往往大而艳丽，很多种是久经栽培的园艺花卉。这个科还以植株富含挥发油等次生代谢产物闻名；其中一些属种有浓郁香气，可以作为香料植物，甚至成为日常用的调味品；还有一些属种有悠久的入药历史，在世界许多地方的传统医药中都占有重要位置。

正因为唇形科植物在园艺和次生代谢产物上的重要价值，辰山植物园科研中心多年来一直致力于把引种与园艺和分子生物学研究结合，在生物多样性的方法论基础之上，对唇形科植物展开纵深的、综合性的研究。其中，又以鼠尾草属（*Salvia*）和黄芩属（*Scutellaria*）为重点。

鼠尾草属（现在也归并了迷迭香属等小属）是唇形科的第一大属，有 1000 多种，在全世界各大洲均有分布，东亚也是一个重要而独特的多样性中心。黄芩属有 350 多种，在唇形科中也在大属之列，中国有近 100 种。近十年来，辰山团队以横断山脉和武陵山区等生物多样性热点地区为重点收集地区，以鼠尾草属、黄芩及其近缘种等具有药用和观赏价值的唇形科植物作为重点收集类群，开展了有针对性的收集引种工作，并更为重视引种之后的活植物养护和管理。

经过不懈努力，辰山建立了国内收集鼠尾草属和黄芩属活植物最为丰富的资源圃，并于 2016 年获批建立国家林草局上海市唇形科植物国家林木种质资源库。截至 2019 年 12 月，团队已累计调查我国 25 个省市区的 1128 个分布点的鼠尾草属居群，引种活植物 132 种 10000 余株，其中中国原产物种 73 种，国外物种 59 种；又通过建设开发鼠尾草属种质资源信息网站，有效地利用和管理了相关信息，开展了国内外资源共享与合作。此外，团队还调查了全国黄芩属的 65 个分布点，引种 22 个原种的活植物 690 株。

引种团队的努力，为鼠尾草属和黄芩属的进一步研究奠定了良好基础。保育团队围绕这两个属开展了保育研究的基础工作，包括分类学、系统进化和物种形成、传粉生态学等方面的研究。基于已建立的鼠尾草标准化描述和种质资源评价系统，以及已分析物种的活性成分、引种栽培适应性、观赏性和抗逆特性，团队又开展了引种鼠尾草的潜在利用价值的综合评价工作，并通过人工杂交选育获得了具有多种抗性特性和高含量活性成分的种质资源，从而为鼠尾草的园艺和药用价值的开发利用提供了基本材料。

药用植物次生代谢研究团队对鼠尾草属和黄芩的活性成分及代谢途径开展了研究工作。不仅对鼠尾草属中的著名药用植物丹参中的萜类和酚酸类物质的生物合成及调控、鼠尾草属植物的转录组学和代谢组学以及萜类和酚酸类的基因工程与合成生物学做了系统性的研究，而且还完成了黄芩基因组的测序，深入揭示了黄芩的特异黄酮途径的进化机制，并完整解析了汉黄芩素的生物合成途径，为合成生物学上异源合成这种物质提供了基础。这些工作的重要意义在于，当我们掌握了植物代谢相关的机理，那么就不需要再通过原始的种植—培育—提炼植物代谢物的方法，而可以直接通过微生物等"代工厂"合成代谢产物，快速加以应用。

园艺部门则充分利用药用植物园中部占地 3000m^2 的鼠尾草园，作为专类植物的重点展示园，以自然风格为主，突出多样性和世界性分布的主题，重点展示了分布于美洲、欧洲和亚洲等世界各地的鼠尾草属植物 300 个种（含品种），结合科研、科普及园艺展示，介绍了其独特的观赏、食用、药用及科研价值。

辰山团队还很重视与其他科研机构的合作，比如与中科院昆明植物所合作建立鼠尾草迁地保育基地，开展物候观测、引种驯化和品种选育研究，利用云南丰富的唇形科资源，筛选优良种质资源；通过开放课题与浙江理工大学开展课题项目合作，深入鼠尾草的分子进化与化学多样性研究，等等。

上述的唇形科研究，充分体现了辰山植物园以生物多样性为基础开展深入而综合的科学研究的特色。除此之外，辰山科研团队已经做过多年研究的重点分类群还有芍药属（包括牡丹和芍药）、兰科、蕨类、旋花科、莲科（荷花）、秋海棠科和石榴等。它们虽然都不在经济价值最大的农作物之列，但作为人类长期栽培和利用的经济植物的"第二梯队""第三梯队"，在园艺、食用、药用、环境保护等方面各有独特价值，在未来还有更大的应用潜力，这便让辰山植物园在经济作物开发上体现了自己的特色，占据了坚实的领地。

我们可以设想，许多个这样的植物园联合起来，便可以涵盖大部分较为小宗的经济作物，在国内构成一个较为完整的经济作物综合研究利用体系。这样可以让我国在园艺品种开发、膳食补充剂生产等领域尽快发力，提高效率，抹平与国际水平的差距，追上国外先进水平，从而体现中国的科技实力，为中国的经济增长做出贡献。特别是如果我们能够具备世界性视野，在全世界的小宗经济作物中取材，那么有研究前景的领域就更为广阔，其中充满"蓝海"。我们有信心认为，在科研上各自专门化、整体系统化的植物园，在今天仍是一扇窗口，能体现出一国的科技实力。

观城市，植物园是城市的园艺师

21世纪是城市世纪，在快速城市化的中国更是如此。

我们还是先来看上海。这里交通四通八达，公共空间错综复杂。每天，大规模的人流、车流在移动，在交汇。这座寸土寸金的城市，哪里才能容下植物呢？

辰山植物园联合上海师范大学、上海应用技术大学、东华大学和沃施园艺，开始了一项技术攻关——利用高架桥的桥墩种花种草。如果城市里密布的高架桥下也能大面积变绿，那么城市景观、人均绿化将会大幅提升。可是，高架桥下缺少阳光，没有雨露，还有扬尘尾气侵袭，环境如此恶劣，植物怎样生长呢？

这里面最大的难点来自低光照。园林部门曾在高架桥下种一般的绿化植物，在高架桥柱上种植爬藤植物，但生长情况都不佳。特别是东西向的高架桥，光照条件更差，种下的植物大多"半死不活"。

为了寻找到合适的植物品种，研究团队把初选出来的80种植物送入"魔鬼训练营"进行测试。"魔鬼训练营"测的是植物耐阴、耐寒、耐高温、耐干旱、抗污染能力，同时还要生长缓慢。历经数年的训练，最后终于筛选出30种具有超强单项或综合抗性的植物，包括花叶柊树、茶梅、美丽野扇花、小叶蚊母树、金心胡颓子、意大利络石、多枝紫金牛、蓝冬青、金边六月雪等。这些植物形态各异，叶色、花色也各不相同，搭配组合，十分漂亮。

上海丰盈的雨水资源，也被用到由这片多项技术集成的绿墙上。安装在各个植物模块中的吸水材料和灌溉设施，运用渗、滞、蓄、净、用、排等措施，让雨水灌溉的稳定性基本达到自来水的水平，从而有效节约了水资源。

如今，走在闵行区虹梅南路元江路高架桥下，一眼望去是成片"竖"起来的立体绿化。在暗沉沉的光照下，这片超过1000m²的示范性绿墙郁郁葱葱，植物的叶片油光发亮，几十个品种搭配成灵动的图案，远看犹如一幅生机盎然的画。这样的园艺集成技术可批量化生产和模块化安装，快速增绿，迅速成景，并至少5年内不用更换植物。这便是辰山植物园探索的新方向——城市园艺。

城市处处需要绿化，需要植物修饰。在中国，上海算是城市绿化做得比较好的城市，但是走在上海的街头巷尾，一个直观感受仍然扑面而来——主要还是很硬的路面。尽管行道树看似身姿挺拔，但它们根部的生长环境却十分恶劣，大多是硬质下垫面。就连行道树周边的土壤，也都会掺杂一定量的石砾、玻璃、混凝土块等建筑垃圾。

上海的地下水位较高，地下管线设施繁杂，沿海土壤的盐碱程度高。有限的空间和恶劣的土壤导致生物活性较低；再加上不透水的铺装和频繁的交通对土壤的压实，让城市里的许多树木生长不良。

这就是城市环境下的特殊生态。如何在维持车辆通行功能的同时再造自然？如何在有限空间之下，使植物获得长期可持续的健康生长？如何在城市自我更新时，能与市政设施结合，提升城市韧性，打造海绵城市？对于这些问题，只要去研究，就能找到解决办法。上海市绿化管理指导站、上海辰山植物园和美国莫顿树木园便组建了联合实验室，针对树木生境重建技术进行研发。

上海有 4 种代表性行道树占比 75%，它们是樟树、银杏、二球悬铃木（法国梧桐）和荷花木兰（广玉兰）。通过物理改良、生物改良、化学改良、土壤调理剂等综合技术，团队研发出了适宜这 4 种行道树生长的栽植基质，并做了示范推广。

其中，配方土由两部分混合而成：满足强度框架所需的石块，以及符合植物生长需求的土壤。配方土采用了绿化植物废弃物堆肥形成的有机肥料、生物炭和土壤调节剂，主要用于人行道、停车场等硬质铺装绿化。

其次是整体的生境营造。上海中心城区的人行道宽度往往只有 2m 左右，不仅人的行动受到限制，树木的生长空间也被限制，加上地下市政管线和上方的架空线，城市的树木仿佛已被"框死"。现在用配方土连通的方式扩展根系生长空间后，在底部再设置排水盲管，便可消纳树池周边硬质地面产生的雨水径流。与此同时，土壤压实的问题也可以用自然的手段缓解，包括树池透水铺装，树木周围覆盖树皮类、果壳类和碎木类等有机物等。

辰山植物园南门内侧的北美枫香树阵广场就应用了这项技术。与常规种植相比，两年后该配方土可显著提高 4.4 倍的总叶面积、3.2 倍的枝条年生长量，有效促进了北美枫香树的生长。这项技术成果目前已在上海中心城区的淮海路、建国路、衡山路等路段和金山区新山龙广场等应用，显著改善了人行道和广场树木的生长状况。

同样值得一提的是，每年上海的文化品牌项目——辰山草地广播音乐节——已经成为诸多沪上市民在暮春时节首选的文娱活动，为国内大型户外古典音乐会起到了很好的示范作用。而户外草坪音乐会所在的辰山植物园草地，其实也是一种"绿色剧场建造推广技术"。

在人口密集的中心城区，草坪是人们零距离亲近自然、改善生活质量的"黏合剂"，但现在城市草坪最突出的问题是不可进入、不可踩踏、对公众开放程度低。通过探索和建造，辰山植物园在草坪技术上形成了具有自主知识产权的耐踩踏、低维护等方面的专利技术，并撰写了相关专著。由此营造的草地广播音乐节大草坪，整体风格为疏林草地，既提高了草坪场地的景观性和功能性，又形成了一套有效的雨水循环利用系统，能够实现对城市零排放等生态效益，同时又为上海城市居民带来了踏青休闲的趣味性、生动性和自主性。如今，这一技术已经在上海古漪园、上海滨江森林公园、苏州植物园等众多公园中推广应用。

从更高的理论高度来讲，城市是一个人造的巨大有机体。在城市中，即便是生长多年的大面积人造绿地，也与自然中"野蛮"生长、形成完整生态链条的绿色有本质区别。自然生态理论不适宜直接搬到城市，城市生态的研究和应用需要多学科的跨界，不仅要考虑植物与环境的关系，还得考虑植物与人的关系。其中可能涉及人类学、社会学、建筑规划学、景观学、心理学、经济学、行为学等多方面的理论支持。正因为如此，城市与植物、生态如何互动就成为一门新的学问。而在整个城市生态学领域之中，到处都是辰山植物园大有可为的地方。

作为城市的园艺师，辰山植物园研发了一系列城市绿地土壤提质增效技术，编制了绿地土壤的改良工法，并且参与起草了上海城市相关标准两项，参与的"绿化土壤功能提升关键技术及工程应用"项目获上海市科技进步二等奖。

作为城市的园艺师，辰山植物园同时为上海的城市发展积极出谋划策。比如对于崇明国际生态岛的建设，辰山植物园提出了"海上花岛"这个概念，不仅符合生态岛定位，还能根据崇明土壤问题，筛选出耐盐碱的乔灌草 114 种，建立球根花卉花期调控和促花技术体系，形成产业发展技术规范，实现水仙、鸢尾、月季、石蒜等花卉的产销游融合。一个 $12000m^2$ 的崇明东滩花卉栽培示范基地就此诞生，相关技术可在长江流域及以北地区推广。

上面这些实例，相信已经可以充分说明辰山植物园提出的"城市园艺"概念——根据城市的环境禀赋，为城市打造绿化区、修复生态环境提供系统性策略。它有两大原则：一是追求功能多样性，系统化解决问题，因为城市问题往往是一个系统，而非一个局部点的问题。二是向自然学习，寻找其中的规律。比如绿色植物是独特的生产者和自净者，是实现城市生态修复的最核心要素，所以是其他基础设施无法替代的。

具体来说，城市园艺有六方面内容。①根据需求，布局绿化；②生境评估，抓住关键；③多用合一，生境重建（城市片区需求不一样，重建策略也可能不一样）；④顶级群落，植物筛选；⑤根冠平衡，适度生长；⑥模拟落叶，补充营养。

总而言之，辰山植物园在城市生态学领域发展了一套发现问题—解决问题—复制推广的实用技术体系，不仅可以解决上海等特大城市的环境问题，提供实用的生态修复方案，更重要的是可以为中国城建规划提出可持续的发展方向，为建设宜居的美丽家园、韧弹性城市的目标贡献植物园的独特价值。

观辰山，从有形的园子到无形的平台

辰山植物园建立十年以来，在上面这些我们自认为有一定创新性的工作基础之上，我们想要再次总结概括一个概念——"辰山模式"。

"辰山模式"一词，最早用来形容辰山植物园 2013 年的一次国际兰花展的举办模式。当时，为了做大做强上海主题花展品牌，辰山植物园与媒体合作，为上海市民和海内外游客打造了一个精彩纷呈、影响力极高的国际赏花品牌，开创了一种全新的花展举办模式，一度成为当年业内津津乐道的一个热词。自此以后，"辰山模式"这个概念的内涵和外延不断延伸，在植物园业内多次被专家们提及。如今，在探索和创新中，"辰山模式"有了更深的内涵理解和使命担当。

第一，对接国家战略，顺应时代需求（天时）。要围绕国际前沿、区域特色、上海（长三角）生态与环境等问题，生而逢时，定位精准。

成功的植物园必须承载国家战略和全球使命，这在历史上有大量辉煌的例子可以列举。除了最为人所津津乐道的茶、咖啡、橡胶树、金鸡纳之后，我们不妨再举郁金香的例子。栽培郁金香的原种产自中亚到西亚一带，是土耳其人喜欢的花卉。16 世纪，土耳其人逐渐从野外挖掘郁金香转向人工培育其品种。在这之后不久，郁金香就传入了欧洲，很快欧洲人就以植物园为基地开始了郁金香的培育，其中荷兰后来居上。1592 年，荷兰莱顿植物园首任园长夏尔·德莱克吕兹（Charles de l'Écluse）开始在园内种植和指导了郁金香的长期杂交育种改良，这个最初发现于亚洲中部的植物，后来竟成为荷兰的支柱产业之一。

在世界历史上，荷兰作为"海上马车夫"的优势地位没有保持多久，英国作为"日不落帝国"就代之而起。与英国国力蒸蒸日上相对应的，是其植物园在承载国家使命上的积极配合。比如 18 世纪中叶，第一次产业革命在英国徐徐展开时，切尔西药用植物园园长菲利普·米勒（Philip Miller）就用植物园进行了大量经济植物的驯化研究和商业化实践，是经济植物学实践和理论奠基者之一。

当然，英国植物园中最为突出的代表非英国皇家植物园邱园莫属。邱园一直关注全球经济植物的收集，很长时期以支持英国的扩张和贸易为使命，从世界各地收集稀有植物，其中不少植物的野外栖息地后期遭受破坏逐步濒危甚至灭绝，但邱园却将这些稀有植物资源保存了下来，并发展了"就地保护"的理论和实践，客观上发挥了植物保护这一使命。直到今天，邱园在保护生物学方面仍有令人勉强望其项背的突出成果，全球最大的"千年种子库"就设于邱园附属的韦克赫斯特庄园中。

以此对比，令人遗憾的是，由于经济植物学自 20 世纪以来与太多新兴的学科交叉和关联，导致它时至今日在我国并没有作为单独的研究学科划分出来，而是以生物化学、分子生物学、植物组学等植物利用相关的学科来代替。缺乏统一的学科传统，是我国经济植物学研究至今仍存在许多不足之处的原因之一。

调查表明，近年来我国植物园培育了植物新品种 1352 个，申报植物新品种权证 494 个，获国家授权新品种 452 个，推广园林观赏/绿化树种 17347 种次，开发药品/药物 748 个，开发功能食品 281 个，推广果树新品种 653 个。其中中科院武汉植物园开展的我国特产猕猴桃属资源的研究与利用，对经济发展和科学技术水平的贡献都居于世界领先水平，创造了国人品牌与骄傲。然而，虽然有这样的成绩，直至今天，我们对全世界植物营养和安全性的研究依然不够充分，在成果的商业转化和全球推广上也不如人意。

植物园在历史上曾经长期承担着全球贸易交往的使命。在今天，理应"复兴"它的这项职能。中国的植物园应该肩负国家战略，盘活"一带一路"国家的资源，形成研究、保育、开发、贸易，最终产生经济效益的推手。这正是辰山植物园在新时代意欲实现的发展模式。辰山将努力与国家战略相结合，与现代技术进步相结合，重新建立植物与人的联系，立足上海的全球资源，成为全球贸易的平台推手。

第二，借助区位优势，以规划引导前行（地利）。上海作为我国首批沿海开放城市，是长江经济带的龙头城市，是国际经济、金融、贸易、航运、科技创新中心。2004 年，上海市人民政府启动辰山植物园的建设，这是我国 20 世纪 90 年代中央政府启动新一轮改革开放，推动上海经济发展再创新高之后，作为强化城市生态文明建设、打造国际化大都市的一项重要举措。地处上海这一国际化大都市，辰山植物园在经济、科技、人才和交通等方面具有较多先天优势；根据上海城市发展需求，制定切实可行的辰山植物园设计任务书以及中长期发展规划，是题中应有之义。

近年来，随着信息化、大数据的深入发展，邱园等国际一流植物园的发展战略，已将信息学列为科研项目的基础支撑和制胜关键。如今，辰山植物园牵头建立了华东地区植物名称检索、经济植物数据库、迁地保育植物科学数据库、标本数据库等各类在线数据库，为科研工作站及时高效地获取实验数据、提供科研产出提供了便利，从而打造了信息化时代"平台建设→数据积累→科学证据→科学发现"这一新型的科研发展模式。

第三，运用科技手段进行面向公众的传播和教育，这不仅可以加深社会对植物园的认识，同时也能促使更多人理解城市发展、人类文明发展的使命。

以辰山植物园开发的"园丁笔记"App 为例。这款手机应用，可以便捷地帮助园艺工作者从事一系列相关工作，如在植物调查和养护管理过程中快速采集植物坐标、名称、植物物候和图像等数据，对数据进行溯源或查证等。又如另一款手机 App 应用"形色"，与辰山植物园参与建设的 CFH（中国自然标本馆）网站合作，利用其中的海量植物照片进行深度学习之后，成为知名的植物识别工具。只需对着植物进行拍摄，它就会自动辨认植物名称，向公众普及生物学知识。如今，识别软件还在进一步细化、深化，利用不断迭代的深度学习功能，可以更加细致地识别植物的品种，未来争取能够为专业人士所用。

2020 年的新型冠状病毒疫情期间，为了让大家足不出户也能赏花，辰山植物园自闭园以来推出了"云赏花"系列互动直播，由园区的工程师、博士、植物达人们带着大家一边赏花，一边了解相关的植物知识。"云赏花"已推出13期，主要以"科普游园"为主，受到市民的欢迎，收看人数近10万人。

特别是樱花，一向是辰山植物园的重点景观。2020年1月24日起已经实行全面闭园的辰山植物园内，樱花还是如约而开。800m的樱花大道上，约6000m^{2}的樱花一同绽放，似云如霞；漫步其中，恍若隔世般，一切都是那么美好。除了主动采取新技术所做的宣传之外，辰山也抓住了传统媒体提供的机会。2020年2月22日，中央电视台以"早樱初绽俏争春"为题，在共同战"疫"栏目进行直播，收看人数达到150万人次。2020年2月25日，新华社来辰山植物园采访和拍摄，视频上传后，新华网、澎湃网、人民网微博平台纷纷转发，短短数个小时，仅新华网微博视频播放量就达到685万人次；"上海的樱花开了"微博阅读量超过3亿人次，讨论量4.9万人次，一度上了微博热搜的排名。樱花的线上宣传由此成功登上辰山历史之巅峰。

此后在3月3日，"云赏花"又升级为2.0版本，推出"植物死不了"系列，讲解如何开展家庭养花，如红遍大江南北的"多肉植物"，再次登上微博热搜。

线上的科技直播手段，作为一种新技术，与精彩的内容结合，使用得当就有无限可能。辰山的"云赏花"受到热捧，可以说是天时、地利与人和的综合体现，是一种偶然事件，但更是一种必然结果。与辰山团队多年兢兢业业对各种花卉的保育、研究密不可分，也与辰山立足上海城市发展、传播人类文明的理念心心相印。这是上海这样的大城市中的机构当仁不让的任务。

第四，注重开放合作，集聚多方资源（人和）。辰山植物园之所以能成为院地合作共建植物园成功的典范，与其注重开放合作的工作理念密不可分。

2005年，在筹备建设期间，辰山植物园就与中国科学院签署了战略合作协议，意在调动科学院的智力资源。2011年辰山植物园全面竣工后，又及时组建了由植物学界知名专家学者组成的学术委员会，他们始终把握着辰山的学术方向，调控着辰山科研走向正确轨道。

未来，辰山将不只是一个物理空间中的"园"，还将成为大象无形的"平台"，凝聚各方创新的力量。从长远来讲，辰山植物园可以提供科研资源，打造一个资源整合的平台，鼓励各种企业前来合作，进行创新与研发，实现产学研一体化。

在新时代，植物园可以在现代科学的夹缝中找到自己新的发展模式，如应对物种的不断丧失；创制高功效的功能性食物，缓解人们的慢性代谢综合征；结合自然科学和社会科学，发展新的综合学科，解决城市生态难题，等等。

每一个成功的植物园，都会与社会、与时代需求相呼应和结合。作为地处上海的植物园，辰山植物园这位年轻者的创新可以说站得高——有全球视野，不限于一地之争，而是要推动全球合作、全球竞争；看得远——有清晰的20年长远目标；定得准——在国家战略、地方需求之中能找准自己的位置，期盼在新时代，开拓一条新的植物园之路。

索引

参考文献

[1] 联合国电台. "国际生物多样性年"关注生物多样性流失 (6:10)[EB/OL].
　　[2009-12-30]. http://www.unmultimedia.org/radio/chinese/detail/133213.
　　html.

[2] 黄宏文. 艺术的外貌、科学的内涵、使命的担当——植物园 500 年来的
　　科研与社会功能变迁（一）：艺术的外貌 [J]. 生物多样性，2017, 25(9):
　　924-933.

[3] 黄宏文. 艺术的外貌、科学的内涵、使命的担当——植物园 500 年来的
　　科研与社会功能变迁（二）：科学的内涵 [J]. 生物多样性，2018, 26(3):
　　304-314.

[4] 黄宏文. 中国植物园 [M]. 北京：中国林业出版社，2018.

[5] 黄宏文. 植物迁地保育原理与实践 [M]. 北京：科学出版社，2017.

[6] 黄宏文，段子渊，廖景平，张征. 植物引种驯化对近 500 年人类文明史
　　的影响及其科学意义 [J]. 植物学报，2015, 50(03): 280-294.

[7] 胡永红. 植物园建设的几个要点 [J]. 中国园林，2014, 30(11): 88-91.

[8] 胡永红. 专类园在植物园中的地位和作用及对上海辰山植物园专类园设
　　置的启示 [J]. 中国园林，2006, (7): 50-55.

[9] 胡永红. 新世纪植物园的新发展 [J]. 中国园林，2005, (10): 12-18.

[10] 胡永红，黄卫昌. 美国植物园的特点——兼谈对上海植物园发展的启示
　　[J]. 中国园林，2001, 17(4): 94-96.

[11] 胡永红，杨舒婷，杨俊等. 植物园支持城市可持续发展的思考——以上
　　海辰山植物园为例 [J]. 生物多样性，2017, 25(9): 951-958.

[12] 胡永红，叶子易. 移动式绿化技术 [M]. 中国建筑工业出版社. 2015.

[13] 胡永红，马其侠. 植物园与国际大都市软实力建设——以上海辰山植物
　　园为例 [J]. 园林，2014(11): 80-83.

[14] 克里斯朵夫·瓦伦丁，丁一巨. 上海辰山植物园规划设计 [J]. 中国园林，
　　2010，26(01): 4-10.

[15] 崔心红，张群，朱义. 上海辰山植物园特殊水生植物园和湿生植物园植物
　　设计 [J]. 中国园林，2010, (12): 58-62.

[16] 彭贵平. 辰山植物园建设难点及对策 [J]. 园林，2010, 5: 40-41.

[17] 中国科学院植物园. 2019 年中国植物园年报 [M]. 云南：中国科学院植

物园工作委员会，2019.

[18] 谭淑燕. 我国城建系统植物园的科学特色及发展研究 [D]. 北京：北京林业大学硕士学位论文，2007

[19] 任海，段子渊. 科学植物园建设的理论与实践（第二版）[M]. 北京：科学出版社，2017.

[20] 任海. 科学植物园建设的理论与实践 [M]. 北京：科学出版社，2006.

[21] 房丽君，贾明贵. 植物引种驯化过程中的病虫害问题及其防治对策 [J]. 西北植物学报，1996, 16(5): 1-4.

[22] 张佐双，熊德平. 植物园生态建设与环境植物病虫害防治可持续控制 [G]. 北京奥运和城市园林绿化建设论文集：北京园林学会，2002.

[23] 廖淑琼. 科技项目管理存在的问题及对策研究 [J]. 广西大学学报（哲学社会科学版），2008, 30(Suppl.): 246-248.

[24] 谈芳吟. 浅析科研项目管理存在的问题及对策 [J]. 管理观察，2016, 629(30): 59-61.

[25] 蒋志刚，马克平，韩兴国. 保护生物学 [M]. 杭州：浙江科学技术出版社，1997.

[26] 洪德元. 三个"哪些"：植物园的使命 [J]. 生物多样性，2016, 24: 728.

[27] 洪德元. "三个'哪些'：植物园的使命"的补充发言 [J]. 生物多样性，2017, 25(9): 917.

[28] 邵静. 美国国家植物园引种销售景观植物情况简介 [J]. 陕西林业科技，2001, 1: 71.

[29] 余作岳，彭少麟. 热带亚热带退化生态系统植被恢复生态学研究 [M]. 广东科技出版社. 1996.

[30] 贺善安，顾姻. 植物利用研究与植物园的生命力 [J]. 生物多样性，2017, 25(9): 934-937.

[31] 贺善安，张佐双. 21世纪的中国植物园 [M]. 北京：中国林业出版社，2010.

[32] 弓清秀. 园林绿化与城市污染土地的植物修复 [J]. 北京园林，2005, 21(2): 29-33.

[33] 王萍. 城市园林绿化植物多样性存在的问题及对策 [J]. 现代农业科技，2010, (9): 245-246.

[34] 娄治平，苗海霞，陈进，苏荣辉. 科学植物园建设的现状与展望 [J]. 中国科学院院刊，2011, 26: 80-85.

[35] 邓仲华，李志芳. 科学研究范式的演化——大数据时代的科学研究第四

范式 [J]. 情报资料工作，2013(04): 19-23.

[36] 臧德奎，金荷仙，于东明. 我国植物专类园的起源与发展 [J]. 中国园林，2007(06): 62-65.

[37] E. 莱德雷. 达尔文植物园技术手册 [M]. 河南科学技术出版社. 2005.

[38] 许再富. 植物园的挑战——对洪德元院士的"三个'哪些'：植物园的使命"一文的解读 [J]. 生物多样性，2017, 25(9): 918-923.

[39] 何祖霞. 植物进化的故事 [M]. 上海科学技术出版社. 2018.

[40] 中华人民共和国教育部. 义务教育小学科学课程标准. 2017.

[41] 李佳，刘凤，胡永红. 与科学传播结合是博物学的新出路——以博物植物学为例 [J]. 生命世界，2018(09): 68-73.

[42] WICKENS G E. 什么是经济植物学 [J]. 王维荣，编译. 世界科学，1991, 7: 18-21.

[43] DADVAND P, et al. Green spaces and cognitive development in primary schoolchildren[J]. PNAS, 2015, 211(26): 7937-7942.

[44] BALLANTYNE R, PACKER J, HUGHES K. Environmental awareness, interests and motives of botanic gardens visitors: Implications for interpretive practice[J]. Tourism, Management, 2008, 29: 439-444.

[45] RAKOW D, LEE S. Public Garden Management[M]. John Wiley & Sons, Inc., 2011.

[46] HEINRICH B. The Trees in My Forest[M]. New York: An Imprint of Harper-Collis Publishers, 1997.

[47] HEYWOOD V. The changing role of the botanic gardens[M]// BRAMWELL D, HAMANN O, HEYWOOD V, SYNGE H. Botanic Gardens and the World Conservation Strategy. London: Academic Press, 1987: 3-18.

[48] GRATZFELD J. From Idea to Realisation——BGCI's Manual on Planning, Developing and Managing Botanic Gardens. Botanic Gardens Conservation International, Richmond, UK. 2016.

[49] HU Y, VINCENT G, CHEN X. How can botanical gardens support sustainable urban development? A case study of Shanghai Chenshan Botanical Garden[J]. Annals of the Missouri Botanical Garden, 2017, 102(2): 303-308.

[50] HE S, ZHANG Z, GU Y, et al. PHYTOHORTOLOGY. Beijing: SCIENCE PRESS, 2017.

跋

完成这本小书，心里颇为惴惴。在整个撰写过程中，从资料收集到汇总整理，我因杂务缠身，常常难以静心思考；尽管所费时间不可谓不长，但总觉得书中的细节性和连续性还不够，提炼的高度也没有达到预期，规律性的部分尤其如此。除了时间上的原因，能力也是一个因素，书中深度挖掘的内容少，多数是浅尝辄止。因此，本书的叙述性更突出一些，读者可能要花些时间去找那些可能有启发的语句。

在我十多年的辰山生涯中，从筹划建设到管理，我感觉一直都在被推着往前走，一方面是使命紧迫，一方面也是能力有限，不得不然。其间很多时光只顾前行，忘记欣赏一路风景，于是虽然这过程中有很多美丽的故事和花絮，却难以用拙笔描绘出那美妙一刻。当然，在近六千天中发生的事也确实太多太多，许多事难以取舍，不能详细分类，只能处理成杂烩菜了。杂烩菜自然也有好处，就是风味更佳，更接地气。不过，近几年来，各地建设植物园的风头正盛，我也因此与许多筹建者交流，知道其中关键是如何找到可持续发展策略，减轻政府（投资者）负担，满足、适应社会发展的长期需求。对这些问题的回答也是本书尽力要写出的重点。不过，这样的策略无疑最难总结，因为每个地方的背景条件不一样，所采取的策略也不可能一样，只能因地制宜，因园施策。

2020年开年爆发的新型冠状病毒疫情，在全球范围内影响至今，对经济社会产生很大冲击，对植物园也影响巨大。2020年是辰山植物园开园十周年，原本打算组织一些活动来总结和庆祝，因疫情的原因只能取消，又因客流缩减而不得不收紧预算。依赖盛世支持的植物园，在经济震荡时也最早受到波及。根据疫情目前的走势，这种影响可能是长期的。在这种条件下，如何去维持植物园的健康发展，可能是当下更关键的议题。比如如何运用植物资源来关注人的健康？在新冠疫情中，植物也许能发挥更大作用；今年疫情期间出镜率很高的"肺炎一号"配方，其中的两种成分——黄芩和白芍——正好都是辰山课题组开展现代科学研究所用的素材。只要深刻了解现代植物园服务社会的实用意识，也就不难将社会赋予植物园的新使命把握在心。

这些工作若做得好，植物园就会有好的前景。植物园人自当继续努力。